新型铁基非晶纳米晶合金软磁性能调控

郭璐 著

北 京
冶金工业出版社
2025

内 容 提 要

本书内容包括非晶合金和非晶纳米晶软磁合金的基础理论、制备方法及研究现状，Si、Ga、Ge、P 等元素掺杂以及磁性元素对非晶纳米晶软磁合金的非晶形成能力、热稳定性、微观结构和软磁性能的影响，以及添加元素（如 Ga、Ge、Si、P 等）与 Fe 之间的电子转移机制及性能调控规律。

本书为磁性材料研发提供了理论和实践指导，可供从事材料科学、磁性材料研发，以及新能源汽车等领域的研究人员和工程师阅读，也可供高等院校材料科学与工程、新能源科学与工程等相关专业的师生参考。

图书在版编目（CIP）数据

新型铁基非晶纳米晶合金软磁性能调控／郭璐著．
北京：冶金工业出版社，2025.5． -- ISBN 978-7-5240-0220-8

Ⅰ．TG139

中国国家版本馆 CIP 数据核字第 2025ZF2573 号

新型铁基非晶纳米晶合金软磁性能调控

出版发行 冶金工业出版社		**电 话**	（010）64027926
地 址 北京市东城区嵩祝院北巷 39 号		**邮 编**	100009
网 址 www.mip1953.com		**电子信箱**	service@mip1953.com

责任编辑 张佳丽 美术编辑 吕欣童 版式设计 郑小利
责任校对 葛新霞 责任印制 禹 蕊
三河市双峰印刷装订有限公司印刷
2025 年 5 月第 1 版，2025 年 5 月第 1 次印刷
710mm×1000mm 1/16；8.5 印张；164 千字；127 页
定价 68.00 元

投稿电话 （010）64027932 投稿信箱 tougao@cnmip.com.cn
营销中心电话 （010）64044283
冶金工业出版社天猫旗舰店 yjgycbs.tmall.com
（本书如有印装质量问题，本社营销中心负责退换）

前　言

在现代材料科学领域，软磁材料的研究与发展对众多关键产业的革新意义深远。铁基非晶纳米晶合金作为软磁材料的重要分支，凭借其独特的性能优势，在电力电子、新能源等领域展现出巨大的应用潜力。然而，饱和磁感应强度相对较低等问题，限制了铁基非晶纳米晶合金进一步的广泛应用。本书聚焦于这一关键领域，深入开展元素掺杂对铁基非晶纳米晶合金铁磁矩影响机理及软磁性能调控的研究，开发新型铁基非晶纳米晶合金，为该领域提供了新的材料选择和理论依据。

本书核心在于揭示添加元素（如 Ga、Ge、Si、P 等）与 Fe 间的电子转移现象及其对铁磁矩的影响，进而阐明这一效应如何改变合金的非晶形成能力、热稳定性、微观结构和软磁性能。通过系统研究不同元素的添加和替换，本书详细探讨了合金性能变化的内在机制，并借助第一性原理模拟计算，从微观层面深入理解铁磁矩的演变规律。基于上述研究成果，开发出具有优异软磁性能的新型铁基非晶纳米晶合金，为软磁材料的性能优化与设计提供了重要的理论支撑和实践指导。

本书介绍了非晶合金和非晶纳米晶软磁合金的基础理论，包括发展历程、制备方法、形成条件和结构模型等，为后续深入研究奠定坚实基础；详细阐述了各类元素对合金性能的影响，通过严谨的实验研究和深入的理论分析，逐一剖析每种元素的作用机制；对合金的晶化动力学进行了深入探讨，揭示了合金在不同条件下的结晶过程和微观结构演变规律。这些内容相互关联，全面展示了元素掺杂对铁基非晶纳米晶合金性能影响的全貌，构成了本书的重点与特色。

本书的编写过程中，得到了众多教授和学者的悉心指导与帮助。特别感谢姜勇教授和张克维教授，正是他们渊博的学识、严谨的治学态度和不懈的探索精神，引领我走进了铁基非晶纳米晶合金这一研究领域，并在研究过程中给予了我宝贵的建议和指导。同时，也要感谢朱乾科、陈哲等老师，他们在实验技术、理论分析等方面提供了宝贵的建议和帮助。我们在讨论和合作中共同进步，他们的观点和想法为本书的内容注入了新的活力。同时，在撰写过程中，本书参考了国内外专家、学者的文献资料，在此向这些资料的作者表示衷心的感谢。

　　本书可供从事磁性材料研发以及新能源汽车等领域的研究人员和工程师阅读，也可供高等院校材料科学与工程、新能源科学与工程等相关专业的师生参考。希望本书的出版能够为推动铁基非晶纳米晶合金领域的发展贡献一份力量，并为相关领域的科研人员提供有益的参考和启示。

　　由于作者水平有限，书中不足之处，恳请广大读者批评指正。

作　者

2025 年 2 月 5 日

目　　录

1 绪 论

1.1 非晶合金

非晶态合金[1]，简称非晶合金，是指原子排布呈短程有序而长程无序的固态合金，它类似于玻璃，因此也常被称作"金属玻璃"。实际上非晶态的定义是相对晶态而言的，如图 1.1 所示，图 1.1（a）为晶态原子排列示意图，图 1.1（b）为非晶态原子排列示意图。晶态合金的原子呈周期性和平移对称性排列，而非晶态合金中，原子的排列失去了规则性，长程有序受到了破坏，但是由于原子间的相互关联作用，在短程范围内仍保留了组态或组分的某些有序特征，这种独特的结构赋予了非晶合金优异的综合性能，使其在力学、磁学、电学等方面展现出显著的优势。

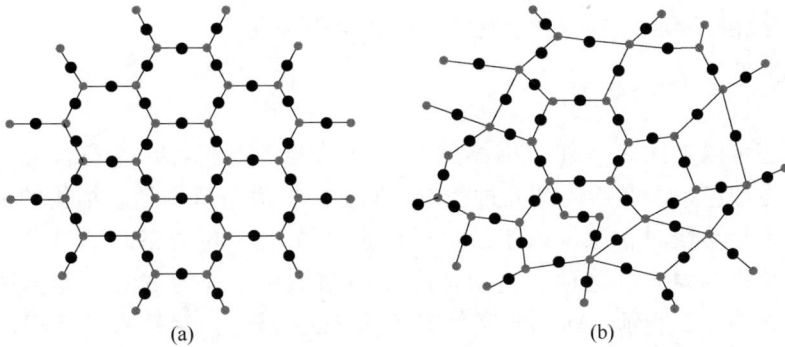

(a)　　　　　　　　　　　(b)

图 1.1　晶态原子（a）和非晶态原子（b）排列示意图

1.1.1　非晶合金的发展

1934 年，Kramer 用蒸发沉积法首次获得非晶态薄膜[2]，受到了广大学者的关注，为非晶的发展拉开了序幕。1952 年，Turnbull 等[3]从理论上证明了制备非晶合金的可能性，提出形成非晶的首要条件是形成深过冷状态，该研究发现当对水银液滴进行过冷处理时其在温度远离平衡点时仍没有结晶，这就为非晶的制备提供了可能性。1960 年，美国加州理工学院 Duwez 等[4]首次采用熔体快冷技术，

在冷却速度为 $10^5 \sim 10^6$ K/s 的条件下，制备获得 AuSi 非晶态合金。1967 年，铁基非晶和纳米晶首次登上历史舞台，第一种铁基非晶合金 $Fe_{80}P_{12.5}C_{7.5}$[5] 通过急冷法被成功制备，这吸引了更多的研究人员投入铁基非晶材料的研究中。随着对非晶态合金的不断深入研究，1969 年，对非晶态合金制备和发展起到了决定性作用的连续条带技术——合金熔体旋淬技术被 Pond 等科学家发明并公布于世[7]，这便为大规模量产非晶态合金提供了可能，同时夯实了理论基础，使得非晶合金研究得到了快速发展。1971 年，一种名为 "Metglas" 的非晶态合金诞生[7-9]，它的成分为 Fe-Si-B，可以作为变压器的铁芯使用，与传统的硅钢片相比，它有极低的损耗，同时具备优异的软磁性能，它的出现引发了铁基非晶合金材料基础研究与应用研究的热潮。1995 年，Inoue 等[10] 用铜模铸造法，获得直径为 1 mm 的铁基非晶块体，成分为 Fe(Al,Ga)(P,C,B,Si,Ge)。此后，随着理论和实验研究的不断深入，合金的非晶形成能力逐渐提高，非晶合金的制备工艺不断进步，非晶合金从较小尺寸的非晶膜、非晶丝、非晶条带逐渐过渡到非晶棒、非晶板、非晶球等。

1.1.2　非晶合金的制备方法

基于非晶态的独特结构，研究人员开发出许多制备非晶的方法。大体上可分为 3 类：液相冷凝法、机械合金化法、气相沉积法等。

1.1.2.1　液相冷凝法

非晶态可以类比为一种"冻结的"液态结构，要获得非晶态合金，通常需要极高的冷却速率。在熔体结晶过程中，原子的扩散是形成晶态结构的关键，而当冷却速率足够快时，原子来不及扩散就被"冻结"在液态时的位置，从而形成无定型结构的固体。这种通过快速冷却抑制结晶过程的方法被称为液相冷凝法，原理如图 1.2 所示。Duwez 等[5] 制备的 AuSi 合金，就是通过液相冷凝法获得的，将熔融的 AuSi 合金用喷枪以很高的速度喷射到金属冷毡上，从而得到了几十微米的非晶态合金，它的冷却速度高达 $10^5 \sim 10^6$ K/s。到目前为止液相冷凝法仍是制备非晶态合金的主要方法，具体的操作方法主要有铜模吸铸法、旋淬法、水淬法等。本书采用的是单辊旋淬法，如图 1.3 所示。

1.1.2.2　机械合金化法

机械合金化法是指在真空或者惰性气体氛围下，将一定比例的金属通过高速研磨等方式，使其发生固态相变，最后形成非晶合金。1983 年，美国的 Koch 教授通过机械合金化法成功制备出 $Ni_{60}Nb_{40}$ 系非晶合金[13]，这一技术的突破引起了国内外学者关于机械合金化的研究高潮。

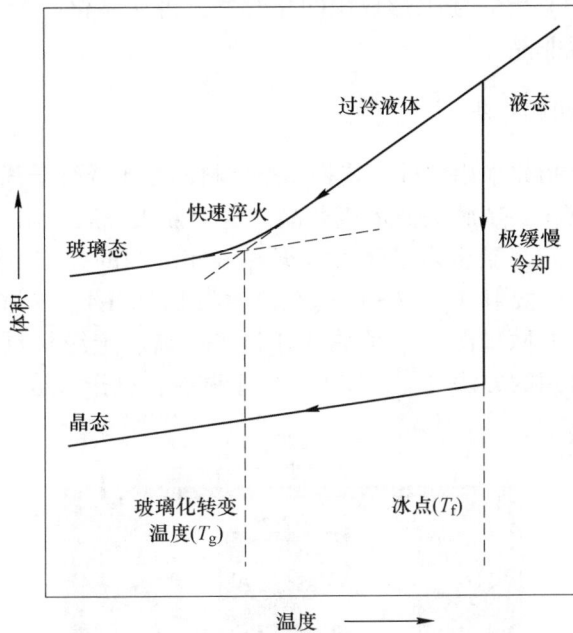

图 1.2　液相冷凝法原理示意图[11]

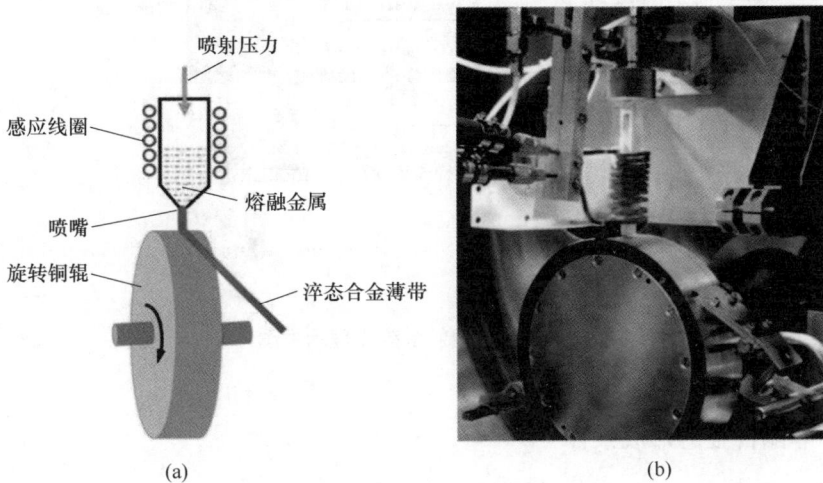

图 1.3　单辊旋淬法示意图（a）与装置设备（b）[12]

目前，用机械合金化形成非晶的方式大概分为以下几种[14]：（1）混合粉末直接研磨成为非晶；（2）先形成固溶体，再转化为非晶；（3）先形成晶态材料，再转化成非晶；（4）混合粉末形成中间化合物，再非晶化；（5）混合粉末形成纳米晶，最后形成非晶。

1.1.2.3 气相沉积法

气相沉积法是指先采用各种工艺将晶态材料的原子或分子离解出来，然后促使它们无规则地沉积到基底上而形成非晶。这种方法一般适用于制备非晶薄膜，薄膜的厚度为几十纳米到微米量级。根据离解和沉积的方式不同分为：（1）化学气相沉积；（2）溅射法；（3）真空蒸发沉积；（4）辉光放电分解法等。图 1.4 为磁控溅射的原理图[15]，它常用于制备金属、绝缘材料和半导体等，是物理气相沉积最常用的方法之一，该方法便于调控，操作简易。

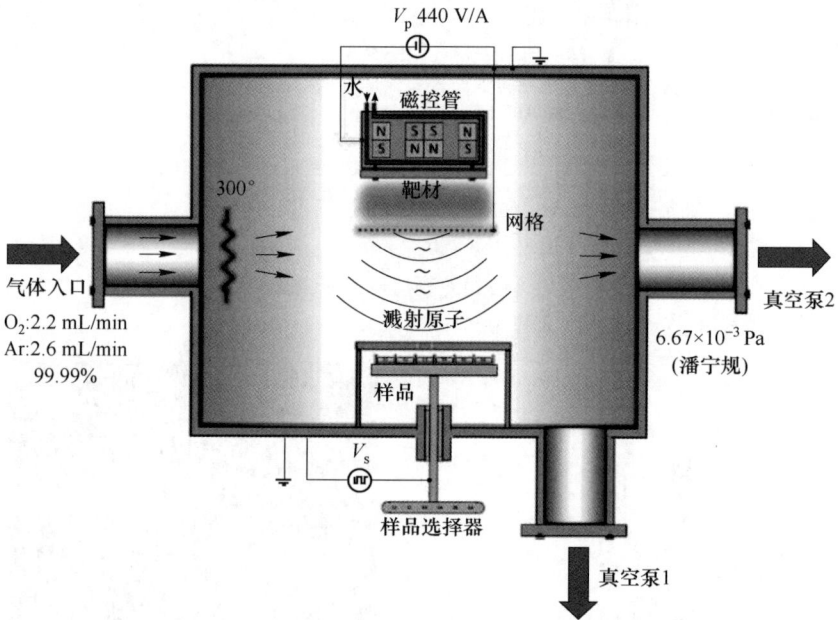

图 1.4 磁控溅射系统原理示意图[15]

1.1.3 非晶合金的形成条件

1.1.3.1 热力学

在热力学中，通常用吉布斯自由能差 ΔG[16] 表示合金体系内部自由能的变化。

$$\Delta G = \Delta H - T\Delta S \tag{1.1}$$

式中，T 为温度；ΔS 和 ΔH 为材料凝固过程中体系的熵变和焓变。当合金从熔融态转变为固态时，合金的吉布斯自由能差 ΔG 将会发生改变，当合金体系确定时，合金从熔融态向晶态转变过程中 ΔG 的大小直接反应结晶驱动力的大小。当 ΔG 越小时，合金的结晶驱动力越小，非晶形成能力就越大，临界冷却速度越小，在相同的外部条件下，就更容易制备出非晶合金。

从式（1.1）中可以看出，可以通过降低合金体系中的焓变 ΔH 或者增加熵变 ΔS 来减小吉布斯自由能 ΔG。熵变 ΔS 表示合金中的原子混乱度，铁基非晶合金通常由 3 个或者 3 个以上的元素构成，而且各元素之间的原子半径差比较大，使得原子排列的混乱度更大，ΔS 也就越大。同时，多组元合金中由于原子尺寸的差别，更容易形成致密均匀的堆垛结构，使得合金在凝固过程中焓变 ΔH 更小。因此，从热力学角度考虑，设计非晶的成分时，应考虑多组元成分增加熵变，这样更容易获得非晶合金。

1.1.3.2　动力学

热力学角度表示的是某一合金形成非晶的可能性，而动力学角度则可以反映合金冷却过程中转变为非晶的速度。在实际生产中，不仅要考虑热力学条件，还要考虑动力学条件。当合金体系确定时，冷却过程中的长大速率与形核速率可以表示为[18-20]：

$$U = \frac{10^2 p}{\eta}\left[1 - \exp\left(-\frac{\beta \Delta T_r}{T_r}\right)\right] \tag{1.2}$$

$$I = \frac{10^{30}}{\eta}\exp\left[-\frac{B\alpha^3\beta}{T_r(\Delta T_r)^2}\right] \tag{1.3}$$

式中，U 为长大速率；I 为形核速率；p 为在固液界面上形核点比例；η 为熔体的黏度系数；T_r 为约化温度（$T_r = T/T_m$），T 为温度，T_m 为熔点温度；ΔT_r 为约化过冷度，$\Delta T_r = 1 - T_r$；β 为约化熵；B 为形核的维度；α 为约化表面张力。其中 α 和 β 又可表示为：

$$\alpha = (NV^2)^{1/3}\sigma/\Delta H \tag{1.4}$$

$$\beta = \Delta S/R \tag{1.5}$$

式中，N 为阿伏伽德罗常数；V 为分子体积；σ 为界面能；R 为气体常数（8.314 J/(mol·K)）。

从上述公式中可以看出，过冷液相区熔体的黏度（η）、约化表面张力（α）、约化熵（β）为影响形核速率和长大速率的 3 个重要参数。过冷液相区的黏度大小影响合金中原子扩散的难易程度，过冷液体的黏度越大，凝固过程中原子扩散受到的阻力越大，从而增加了形核的难度，从另一方面来说，越有利于非晶的形成。当约化表面张力（α）和约化熵（β）增大时，形核速率和长大速率均减小，这意味着促进了非晶合金的形成，同时，α 和 β 的增大，还会使合金的 ΔS 增加、ΔH 降低，这样同热力学条件相一致，有利于非晶的形成。

1.1.4　非晶合金的成分设计准则

（1）深共晶准则。

约化玻璃转变温度 T_{rg} 为玻璃化转变温度 T_g 和液相线温度 T_L 的比值，它可以表征合金的玻璃形成能力，T_{rg} 越大，合金的玻璃形成能力越好。深共晶准则[20]认为，在共晶点附近的成分合金可以在较低的温度下仍然以液体的形式存在，且它的约化玻璃转变温度 T_{rg} 更大，在同样的冷却速度下，更容易抑制晶粒的形核和长大，更易形成非晶。

（2）混乱准则。

"混乱原则"在 1993 年被 Greer[16]首次提出，他指出在同时满足负混合焓和较大的原子尺寸差这两个前提条件下，液态合金中的组元越多，在瞬间冷却的过程中参与形核竞争的种类也越多，这样晶相之间的竞争生长也越激烈，使得合金很难形成特定的晶相，因此有利于非晶的形成。尺寸较大的原子使得合金的无规密堆结构得到加强和巩固，尺寸较小的原子在大半径原子的空隙之间紧密穿插，进一步使结构的致密度提高，自由体积的比例大大减小，阻止了元素的长程扩散，且原子半径差越大，合金的非晶形成能力越好。

（3）经验准则。

经过大量的实验研究和理论证明之后，关于设计非晶合金的成分，Inoue 等[21]提出了"井上三原则"：第一，合金体系中要包括 3 个或者 3 个以上的组元。这是对混乱原则的一个具体说明，合金中的组元越多，冷却的过程中会有更多的形核点生成，晶粒之间的竞生生长会更加激烈，同时也阻碍了原子的长程扩散，更加容易形成非晶。第二，3 个主要组元间的原子尺寸比超过 12%。这样合金体系有更高的配位密度，大尺寸的原子使得合金的晶格畸变增大，打破了晶格排列的周期性，原子的排列堆垛更致密，熔融状态下的黏度也更大，阻碍了原子的扩散，因此更容易形成非晶。第三，合金体系的组元之间具有较大的负混合焓，即不同元素形成化学键时是放热的，这样各组元之间的键合作用就越强，越有利于形成非晶。混合焓为负时，合金凝固过程中需要外部的能量越小，所需的临近冷却速度也较低，更容易形成非晶。

（4）相似原子替代原则。

相似原子替代原则[22]是指，在设计合金成分时，选择同周期或同主族临近的元素进行替换，这样基本不会改变非晶合金的基本结构骨架，只是对合金的结构和结晶过程做了微调和优化，增强了合金的玻璃形成能力和综合性能。

（5）微合金化原则。

经过大量的实验和研究表明，将微量的合金元素加入非晶合金中，可以提高非晶合金的综合性能[23-25]，如非晶形成能力、热稳定性和磁性能等。汪卫华等[26]从热力学、动力学和微观结构3个方面，分析了微合金化对非晶合金非晶形成能力的影响。在热力学方面，微量合金元素的加入可以降低合金的熔点，提高非晶形成能力；在动力学方面，微量合金的加入，使晶化相的形成需要更多的原子参与，导致竞生生长，从而减少合金的形核和长大；从微观结构来说，微量合金的加入可以增加原子的堆垛密度，自由体积减小，合金的液体黏度增大。

1.2 非晶纳米晶软磁合金

目前能源问题在全球范围内变得越来越重要，节能和微型化也已经引起相当多的注意，如何在变压器、电感器和电机中减小损耗，如何简化生产工艺等问题也变得日趋重要[27-29]。从热力学角度来说，非晶合金处于亚稳态。尽管非晶合金有高磁导率、低矫顽力等优异的性能，但是在高温使用时，可能会析出粗大的晶粒，造成矫顽力变大，而且随着使用频率的增加，软磁性能也会恶化。在科研人员不断地进行实验和理论分析下，非晶纳米晶软磁合金诞生了，它是对非晶基体进行退火得到的，在非晶基体上弥散分布着细小的纳米晶的特殊结构，相比非晶，它具有更加优异的综合性能。

1.2.1 非晶纳米晶软磁合金的发展

1988年，日本日立金属公司的Yoshizawa等[30]将FeSiBNbCu非晶合金在540~580 ℃退火1 h后，形成了在非晶基体上均匀弥散分布的α-Fe(Si)纳米晶，纳米晶的尺寸为10~15 nm。该纳米晶的典型成分为$Fe_{73.5}Si_{13.5}B_9Nb_3Cu_1$，命名为"Finemet"，饱和磁感应强度为1.24 T，矫顽力为0.53 A/m。Finemet合金的独特结构和优异的性能，引起了国内外学者的密切关注，使得非晶纳米晶的研究进入高潮。随后，Suzuki等[31]在1990年又开发出了FeZrBCu合金，被命名为"Nanoperm"，该合金的典型成分为$Fe_{87}Zr_7B_5Cu_1$，饱和磁感应强度为1.55 T，且该合金具有较小的磁致伸缩系数，较低的敏感性。1998年，Willard等[32]通过Co替换Nanoperm合金中的Fe元素，制备了$Fe_{44}Co_{44}Zr_7B_4Cu_1$，被命名为"Hitperm"，加入Co形成了$\alpha$-FeCo纳米晶，提高了合金的居里温度和高温磁性能。2012年，Makino[33]将P加入FeSiBCu中，成功制备出新型的非晶纳米晶软磁合金FeSiBPCu，其典型成分为$Fe_{85}Si_2B_8P_4Cu_1$，被命名为"Nanomet"，该合金表现出很高的饱和磁感应强度（$B_s = 1.85$ T），接近硅钢（Fe-3%Si），在频率为50 Hz时，Nanomet合金的铁芯损耗仅为硅钢的三分之一。由此可见，铁基非晶纳米晶合金具有广阔的应用前景，有望更多地应用在高功率、高效率的电气、电子设备中。图 1.5[34] 为目前已经开发的软磁合金以及它们所对应的软磁性能。

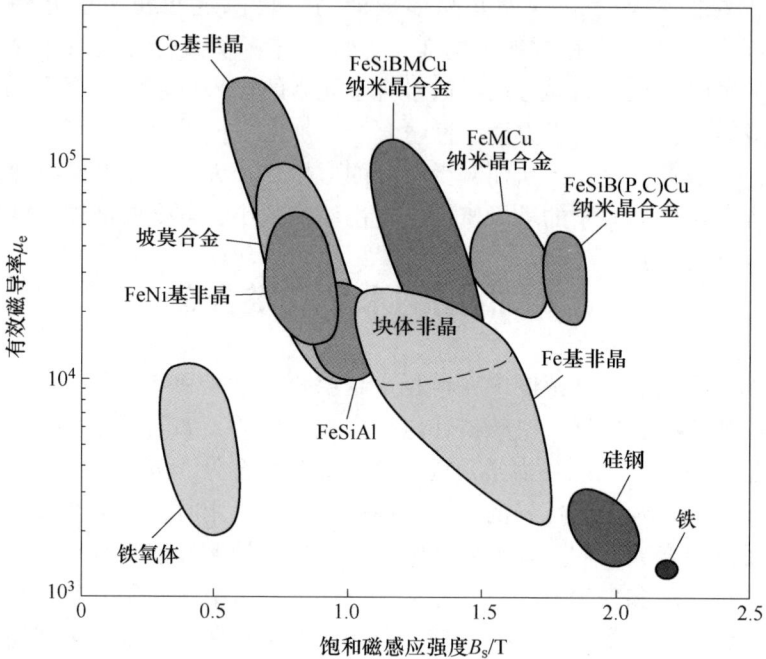

图 1.5　软磁材料有效磁导率 μ_e（1 kHz）和饱和磁感应强度 B_s 之间的关系[34]

1.2.2　非晶纳米晶软磁合金的制备方法

非晶纳米晶的制备方法分为两类：非晶晶化法和直接晶粒细化法。

（1）非晶晶化法是指先通过熔体快淬方法获得非晶组织，然后再通过加热退火等过程得到纳米晶组织。控制退火过程中的形核和长大成为获得纳米晶最重要的方法。退火的方法大致包括：等温退火、磁场退火和电流退火。

（2）直接晶粒细化法包括：快速凝固法、机械合金化法和气相沉积法。通常通过直接晶粒细化方法得到的非晶纳米晶合金的软磁性能较差，因为利用此方法得不到致密均匀分布的非晶纳米晶组织结构。因此人们常常通过非晶晶化法来获得组织均匀的纳米晶。

1.2.2.1　等温退火

等温退火指在一定的升温速率下使样品达到预设的温度，并保温一定的时间，然后空冷或者炉冷。Finemet 合金就是采取这种等温退火的方式，在 540 ~

580 ℃退火 1 h 后获得的纳米晶组织[30]。等温退火中，有 4 个重要的工艺参数会影响纳米晶的组织和结构：升温速率、退火温度、保温时间、冷却方式。

A　升温速率

Niu 等研究了升温速率对 Finemet 合金的影响，结果表明，随着升温速率的增加，合金的晶粒尺寸增大，这是因为 Cu 元素对初始晶化有影响。升温速率较低时，合金在较低温度下可能会停留较长时间，这时 Cu 团簇析出较多，对晶粒的细化作用较强；当升温速率较高时，合金中 Cu 团簇析出的较少，因此异质形核较少，最后纳米晶的平均晶粒尺寸增大[35-36]。

2015 年，Sharma 等[37]研究了升温速率对 Nanomet 合金组织和性能的影响。结果表明，升温速率越高，纳米晶的晶粒尺寸越小，并基于对热力学、组织结构和性能的详细分析，绘制了 Nanomet 合金的晶化模型，如图 1.6 所示。当升温速率较高（400 K/min）时，预先存在的形核和新的形核一起长大，从而获得细小均匀的纳米晶组织。

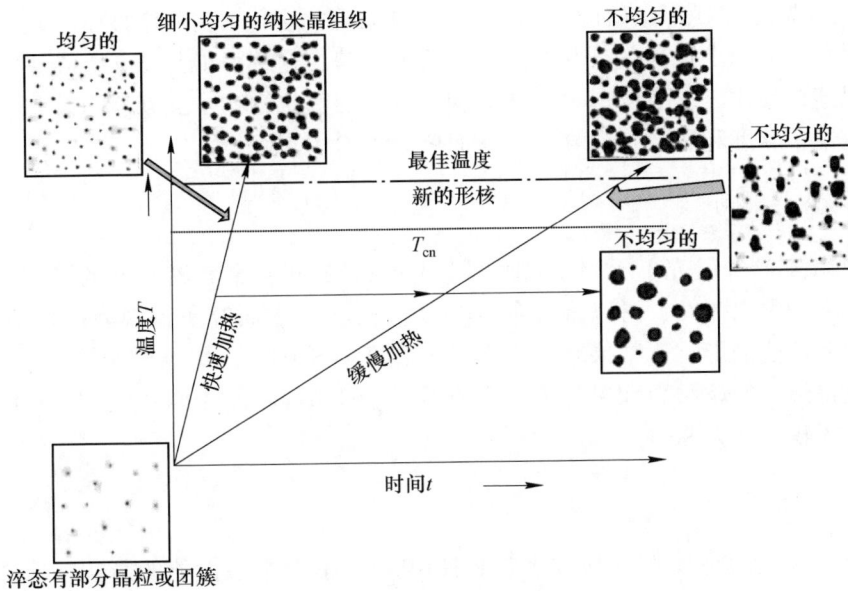

图 1.6　Nanomet 合金在不同升温速率下的晶化示意图[37]

2019 年，Jiang 等[38]又研究了升温速率对 $Fe_{81.5}Si_{0.5}B_{4.5}P_{11}Cu_{0.5}C_2$ 合金的影响，得出和上面不同的结论。当升温速率较低为 5 K/min 时，纳米晶的晶粒尺寸最小，软磁性能最佳，这可能是因为 $Fe_{81.5}Si_{0.5}B_{4.5}P_{11}Cu_{0.5}C_2$ 和 Nanomet 相比，淬态合金中预先存在晶核较少。通过以上两个比较可知，对于不同的非晶合金，升温速率存在不同方向的影响，本书的研究也对升温速率对合金结构和性能的影响做了深入探讨。

B　退火温度

Zhang 等[39]通过 XRD 和初始磁导率对（$Fe_{0.9}Co_{0.1}$）$_{72.7}Al_{0.8}Si_{13.5}Cu_1Nb_3B_8V_1$ 合金在 510~690 ℃退火后纳米晶合金的结构和软磁性能进行了研究。结果表明，在 510~630 ℃内退火，只有软磁相从非晶基体中析出。随着退火温度的升高，结晶相的晶粒尺寸（D）从 11.9 nm 逐渐增大到 13.7 nm，晶化相的体积分数从 58%增大到 89%，非晶层的厚度从 2.37 nm 逐渐减小到 0.54 nm。初始磁导率 μ_i 随温度升高而下降，但下降速率不同，退火温度越高，μ_i 衰减越慢。

Phan 等[40]研究了退火温度对铁基纳米复合材料微观结构、磁性能（包括巨磁阻抗效应 GMI）的影响。测量了在不同温度（350~650 ℃）下真空退火 30 min 后样品的 GMI 分布。发现在退火温度达到 540 ℃之前，α-Fe(Si) 微晶的平均晶粒尺寸（约 12 nm）几乎保持不变，各向异性场减小，退火温度升高至 540 ℃，GMI 随温度升高而增大，这是由于磁性可测量性的增加和矫顽力的降低，而 600 ℃以上退火的样品则发现相反的趋势，这很可能是由于高温退火引起的微观结构变化。这表明退火后非晶相磁特性的变化影响了交换耦合作用，这改变了磁性柔软度和有效各向异性，从而修改了 GMI 特征。

C　保温时间

朱乾科[41]等研究了不同保温时间对 FeGaBNbCu 合金软磁性能的影响，结果表明，增加保温时间，可以增大合金的 B_s。Ngo 等[42]研究了保温时间对 Finemet 合金软磁性能的影响，结果表明，当退火温度为 530 ℃，保温时间为 40 min 时，合金获得最佳的矫顽力和磁导率，分别为 1.194 A/m 和 110000，此时 α-Fe(Si) 的晶化体积分数为 86%。

D　冷却方式

Chen[43]研究了不同冷却方式对 FeNiBPSiCuNb 合金磁性能的影响，冷却方式为随炉冷却、水冷和液氮冷却。结果表明，随炉冷却合金的矫顽力较高，水冷和液氮冷却合金的矫顽力较低，水冷后磁导率的大小是随炉冷却的两倍，液氮冷却后磁导率位于其他两者中间，这是由于液氮的冷却速率过快，引入了新的内应力。Hasiak 等[44]研究了空冷、炉冷和水冷 3 种冷却方式对 $Fe_{73.5}Cu_1Nb_3Si_{15.5}B_7$ 合金退火后性能的影响。结果表明，样品的相组成以及结晶相和非晶态相中的铁含量并不取决于冷却速度，但是冷却方式会影响退火样品的磁性能，空冷后 $Fe_{73.5}Cu_1Nb_3Si_{15.5}B_7$ 合金样品的磁化率最高。

1.2.2.2 磁场退火

对软磁材料进行磁场退火，是在材料热处理的过程中加上磁场[45]，相当于是给材料增加了一个单轴磁晶各向异性，这样可以人为地控制它的方向和大小，调节材料的磁滞回线，从而使材料可以满足某些领域使用的特定要求。对非晶软磁材料进行磁场退火处理时，主要有横向磁场退火、纵向磁场退火和旋转磁场退火3种处理工艺[46]。1989年，Yoshizawa等[47]研究了由超细晶粒结构组成的铁基非晶纳米晶合金 Finemet 的磁场退火与磁性能的关系，结果表明纵向场退火和横向场退火分别可以获得高剩磁比的 B-H 曲线和平缓的 B-H 曲线，磁场退火后的铁芯损耗和相对磁导率与钴基合金相近，在纵向和横向磁场中退火的合金分别适用于电抗器和高频变压器扼流圈。Suzuki等[48]研究了旋转磁场退火对纳米晶合金（Fe,Co$)_{90}$Zr$_7$B$_3$的磁化强度和软磁性能的影响，结果表明在退火过程中施加旋转场，合金的磁晶各向异性被抑制，并且在 640 kA/m 旋转场下退火的纳米晶（Fe$_{0.8}$Co$_{0.2})_{90}$Zr$_7$B$_3$的矫顽力为 9.1 A/m，饱和磁感应强度为 1.74 T。

1.2.2.3 电流退火

电流退火是指对非晶合金施加强脉冲电流产生焦耳热使非晶合金升温晶化的方法。张广明等从电流密度和退火时间两方面研究了电流退火对铁基、钴基非晶软磁合金有效磁导率的影响，结果表明电流退火可以提高铁基和钴基非晶合金的有效磁导率，且电流退火具有升降温快、退火效率高的优势。Allia等[49-50]在1993年，分别用等温退火和电流退火对 Finemet 合金进行了热处理，结果表明通过电流退火后合金的软磁性能更好，同时力学性能也有所提高。

1.3 铁基非晶纳米晶结构模型及与磁性能的关系

纳米晶软磁合金具有优异的性能，是因为它独特的结构。经过科研人员大量的实验和研究，到目前为止，最常用的模型有 Herzer 模型、Hernando 模型、Suzuki 模型。

1.3.1 Herzer 模型

众所周知，晶态软磁合金是通过增大晶粒尺寸和减少晶界面积来提高软磁性能的[36]，因为这样可以减小磁畴运动的阻力。而非晶纳米晶的晶粒尺寸为 10~20 nm，却有优异的软磁性能。并且根据铁磁学的经典磁导率理论，合金要想获得良好的软磁性能，磁晶各向异性常数必须小，但是每个纳米晶的磁晶各向异性常数高达 10^3 J/m^3，为此科学家们进行了许多探讨。1978年，Alben 提出了"无规取向各向异性"模型[51]，Herzer[52]通过深入研究 Finemet 合金的微观组织和结构与磁性能的关系，在随机各向异性模型的基础上（见图 1.7），提出了铁磁交换耦合作用，对此做出了较为合理的解释。

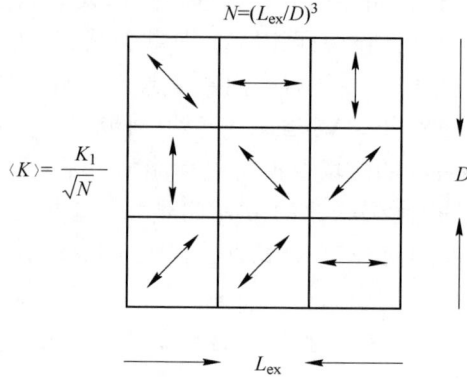

图 1.7　Herzer 随机各向异性模型[52]

　　Herzer 认为纳米晶的软磁特性依赖于局部磁各向异性和铁磁交换作用。对于大晶粒，磁化可以沿着单个晶粒的易磁化方向进行，在晶粒内形成磁畴。因此，磁性能是由晶粒的磁晶各向异性常数 K_1 决定的。不同的是，纳米晶晶粒之间存在着铁磁交换耦合作用，铁磁交换作用更多地使磁矩平行排列，从而阻碍磁化沿着每个晶粒的易磁化方向进行。因此，磁化的有效磁晶各向异性是几个晶粒的平均值，因此总的磁晶各向异性减小。铁磁交换作用长度 L_{ex} 可表示为：

$$L_{ex} = \sqrt{\frac{A}{K_1}} \tag{1.6}$$

式中，A 为相邻晶粒间的铁磁交换劲度系数；K_1 为磁晶各向异性常数。

　　影响磁性化过程的有效各向异性是在体积 $V = L_{ex}^3$ 的交换长度内对 N 个晶粒进行平均的结果。因此，有效磁晶各向异性 $\langle K \rangle$ 取决于交换作用长度 L_{ex} 内 N 个晶粒各向异性的平均波动幅度。

$$\langle K \rangle = \frac{27K_1^4}{64A^3}D^6 \tag{1.7}$$

式中，D 为晶粒尺寸。由此可见，随着 D 的减小，有效磁晶各向异性也减小，因此纳米晶表现出优异的软磁性能。

　　同时，Herzer 认为如果磁化过程是自旋的一致转动过程，则矫顽力 H_c 和初始磁导率 μ_i 只与 $\langle K \rangle$ 有关，其关系式为：

$$H_c = \frac{P_c \langle K \rangle}{J_S} \approx \frac{P_c K_1 D^6}{J_S A^3} \tag{1.8}$$

$$\mu_i = \frac{P_\mu J_S^2}{\mu_0 \langle K \rangle} \approx \frac{P_\mu J_S^2 A^3}{\mu_0 K_1^4 D^6} \tag{1.9}$$

式中，P_μ 和 P_c 为常数；μ_0 为真空磁导率；J_S 为饱和磁化强度。可见，矫顽力 H_c 与 D 的六次方成正比，初始磁导率 μ_i 和 D 的六次方成反比。

1.3.2 Hernando 模型

铁基非晶纳米晶合金是由纳米晶相和残余非晶相两相组成的，且纳米晶相存在一定的体积分数比时，合金的性能最佳。上述 Herzer 提出的模型只考虑了纳米晶相的影响，未考虑残余非晶相的影响，而 Hernando 等[53]认为纳米晶之间是通过残余非晶相进行铁磁交换耦合作用的。非晶相的交换耦合长度 L_{am} 可表达为：

$$L_{am} = \sqrt{\frac{A_{am}}{K_{am}}} \tag{1.10}$$

式中，A_{am} 为非晶相的交换劲度系数；K_{am} 为非晶相中的应力感生各向异性。

此时，纳米晶的耦合交换劲度系数用 γA 表示，γ 的取值为 $0 \sim 1$，可用 L_{am} 表示：

$$\gamma = \exp(-\Lambda/L_{am}) \tag{1.11}$$

式中，Λ 为纳米晶间的平均距离。

因此，有效磁晶各向异性常数可表示为：

$$\langle K \rangle \approx \frac{K_1^4 D^6}{(\gamma A)^3} = \frac{K_1^4 D^6}{\left[\exp\left(-\Lambda \Big/ \sqrt{\frac{A_{am}}{K_{am}}} \right) \right]^3} \tag{1.12}$$

Hernando 模型很好地解释了残余非晶相的含量对铁磁交换耦合作用的影响，在晶化的初级阶段，纳米晶的晶化体积分数较小，且距离较远，纳米晶之间的非晶层较厚，铁磁耦合作用较弱，软磁性能也差。当晶化体积分数增大到一定值时，非晶层变薄，铁磁耦合作用最强，合金的软磁性能也达到最大。

1.3.3 Suzuki 模型

在考虑残余非晶相的基础上，Suzuki 等[54]认为纳米晶和残余非晶相的铁磁交换劲度系数不同，因此它们的自旋转动角 φ 也是不相同的。当 $\varphi = 1$，即为 Herzer 模型，当 $\varphi \neq 1$ 时，有效磁晶各向异性常数的表达式为：

$$\langle K \rangle \approx \frac{1}{\varphi^6} \frac{K_1^4 D^6}{A^3} \tag{1.13}$$

在 Suzuki 构建的模型中，用两个不同的参数来表征纳米晶相和残余非晶相的自旋转动角，并同时考虑了晶界相的交换劲度系数对铁磁交换耦合作用的影响，所以，有效磁晶各向异性常数的最终表达式为：

$$\langle K \rangle \approx \frac{1}{\varphi^6}(1 - V_{am})^4 K_1^4 D^6 \left[\frac{1}{\sqrt{A_{cr}}} + \frac{(1 - V_{am})^{-1/3} - 1}{\sqrt{A_{am}}} \right]^6 \qquad (1.14)$$

式中，V_{am} 为残余非晶相的体积分数；A_{cr} 和 A_{am} 分别为纳米晶相和残余非晶相的铁磁耦合交换劲度系数。该模型考虑了更多的实际情况，适应更多的实验结果。

1.4　合金元素对非晶纳米晶软磁合金性能的影响

材料的成分和组织结构决定了材料的性能，因此成分的选择很重要。根据作用机制的不同，纳米晶软磁材料的成分一般分为以下 4 类元素：（1）铁磁性元素（Fe、Co、Ni）；（2）类金属元素（Si、B、C、P 等）；（3）为纳米晶提供形核位置的贵金属元素（Cu、Ag、Au 等）；（4）大半径尺寸元素（Nb、Zr、V、Mo 等）。不同合金元素的种类、含量、配比对合金的非晶合成能力和性能会产生重要的影响。

1.4.1　铁磁性元素（Fe、Co、Ni）

Fe、Co、Ni 为过渡族元素，因为他们的核外电子 3d 层未被填满，因此对外显磁性。相对来说，Fe 的磁性最强，Co 次之，Ni 的磁性最小。在合金体系中，铁磁性元素的含量越高，合金的饱和磁感应强度 B_s 越大。

最初 Finemet 纳米晶问世[30]，Fe 的含量为 76%，饱和磁感应强度为 1.24 T。随着科研人员不断深入地研究，2012 年 Makino[33] 研发了 $Fe_{85}Si_2B_8P_4Cu_1$，将 Fe 的含量提升至 85%，其饱和磁感应强度达到 1.82 T。2020 年，王安定等[55] 提出了一个全新的构建纳米晶结构的概念，即熔体在淬火的过程中，在临界冷却速率下，预先形成晶核，然后淬态合金通过快速退火形成细小的纳米晶组织，开发了 $Fe_{85.5}B_{10}Si_2P_2C_{0.5}$，其饱和磁感应强度达到 1.87 T，有效磁导率 μ_e 为（1.0 ~ 2.5）×10^4，目前具有替代硅钢应用于软磁商业块的巨大潜力，这种异质结构和精益合金化策略为下一代磁性材料提供了范例。

Ling H B 等[56] 研究了 Co 元素含量的变化对 $Fe_{80-x}Co_xP_{14}B_6$ 合金结构和软磁性能的影响，实验表明 Co 的添加可以提高合金的居里温度，Co 原子分数为 40% 时，合金的居里温度达到 791 K，同时可改善合金的室温塑性和软磁性能。Wang 等[57] 对（$Fe_{0.78}Si_{0.09}B_{0.13}$）$_{100-x}Ni_x$（$x$ = 0，2，3，5）合金做了详细的研究，实验结果表明 Ni 加入 FeSiB 中不仅促进了 α-Fe 相的生长和 Fe-B 化合物的析出，而且促进了 Si 在 α-Fe 相中的溶解。陈哲研究了 Fe/Ni 比对 FeNiBSiCuNb 合金的热稳定性和软磁性能的影响。结果表明，随着 Fe/Ni 比的增加，（$Fe_xNi_{80-x}Si_{9.5}B_{9.5}Cu_1$）$_{0.97}Nb_{0.03}$ 合金的约化玻璃转变温度由 0.507 K 升至 0.527 K[43]。在非等温加热 DSC 曲线中呈现出 3 个不同的放热峰，第 1 个晶化峰

为 α-Fe(Si) 的析出，第 2 个峰为 γ(Fe,Ni)Si 的析出，第 3 个峰为 (Fe,Ni)B 化合物的析出，且形成 γ(Fe,Ni)Si 相所需的激活能大于 α-Fe(Si) 相。所有的合金均表现良好的软磁性能，矫顽力最小值为 0.03 A/m，磁导率最大值为 17000。

1.4.2　类金属元素（Si、B、C、P 等）

类金属元素（Si、B、C、P 等）是形成非晶纳米晶必不可少的元素。它们的存在是为了提高非晶形成能力，此外，由于类金属元素的添加改变了整个合金的相变过程，导致熔融合金在过冷液相区不容易结晶。同时，类金属元素的半径通常较小，尤其是在晶化的过程中，可以造成晶格畸变以及降低晶格常数，使得原子的长程扩散变得更加困难，因此加入类金属元素，合金的非晶形成能力将提高。然而，当添加过多的类金属元素时，会使其他种类的元素含量降低，如 Fe 元素的含量，这样就会降低合金的 B_s，且当初晶相析出后类金属元素的含量过高，更容易析出 Fe_3B、Fe_2B、Fe_3P 等硬磁相，很大程度上恶化合金的软磁性能，因此类金属的添加也不能过多。

在 Finemet 合金中，Si 能固溶在 α-Fe 中，形成体心立方结构的 α-Fe(Si) 相。1991 年 Herzer 等[58]首先表明，Finemet 合金在 550 ℃退火后的磁致伸缩系数 λ_s 几乎为 0。这是由 α-Fe(Si) 的磁致伸缩系数 λ_s^{FeSi} 和残余非晶相的 λ_s^{am} 共同作用导致：

$$\lambda_s \approx V_{FeSi} \times \lambda_s^{FeSi} + (1 - V_{FeSi}) \times \lambda_s^{am} \qquad (1.15)$$

根据 Yamamoto 用磁分析法所获得的数据[59]，$V_{FeSi} \approx 75\%$，$\lambda_s^{FeSi} = -6 \times 10^{-6}$，$\lambda_s^{am} \approx 20 \times 10^{-6}$，代入式（1.15），最终 $\lambda_s \approx 0.5 \times 10^{-6}$。因此 Finemet 合金的矫顽力很低，Si 元素起到了非常重要的作用[60]。2009 年，Chen 等[61]利用三维原子探针和透射电子显微镜，研究了 Si 对 $Fe_{82.65}Cu_{1.35}Si_yB_{16-y}$（$y = 0$, 2, 5）非晶纳米晶的影响，结果表明，在连续加热过程中，Si 元素的添加会显著提高铁硼相的析出温度，因此在 683 K 进行等温热处理以抑制铁硼相的析出，从而优化软磁性能。随着 Si 含量的增加，合金中 Cu 团簇的密度降低。Si 的含量为 2% 为最佳。$Fe_{82.65}Cu_{1.35}Si_yB_{16-y}$（$y = 2$, 5）合金中的 Si 元素均匀分布在 α-Fe 纳米晶和残余非晶相中，没有显示出任何相的优先分配。

王安定等[62]研究了 P 对 $Fe_{83.3}Si_4Cu_{0.7}B_{12-x}P_x$ 纳米晶软磁性能的影响，结果表明随着 P 含量的增加，B_s 逐渐降低，原因是 P 替换 B 降低了残余非晶相的 B_s。Fan 等[63]制备了低 Si 和 C 含量的 $Fe_{83.3}Si_2B_{13-x}P_xC_1Cu_{0.7}$ 合金，研究了 P 对其热力学、结构和软磁性能的影响。热力学研究表明适量的 P 加入不仅有利于非晶态的形成，而且扩大了晶化窗口和晶粒尺寸钝化合金的退火敏感性。微观结构与 X 射线光电子能谱分析表明 P 的加入促进了 α-Fe 纳米晶的均匀沉淀，但导致了 α-Fe 纳米晶形成松散的堆积结构，有利于 p-d 杂化，促进铁原子有效磁元素的湮灭，导致非晶相的饱和磁感应强度（B_s）降低。通过在适当的等温退火条件下，结合热处理工艺制备了 $Fe_{83.3}Si_2B_9P_4C_1Cu_{0.7}$ 纳米晶合金高 B_s 为 1.78 T，矫顽力为 4.6 A/m，磁导率为 15100。

1.4.3 贵金属元素（Cu、Ag、Au 等）

1998 年，Hono 等[64]针对 Finemet 合金的早期晶化行为，通过高分辨显微镜和三维原子（3DAP）探针做了深入的研究。结果表明在一次结晶之前会形成 Cu 团簇，它的密度为 10^{24} m^{-3}。这些铜团簇作为 α-Fe 一次结晶的非均匀形核点。正是因为有 Cu 元素的存在，才使得 Finemet 合金获得了细小均匀的纳米晶组织。Finemet 的晶化行为示意图如图 1.8 所示。此后，在非晶合金的设计中，Cu 元素成为了不可或缺的元素之一。$Fe_{89}Zr_7B_3Cu_1$[65]、$Fe_{44}Co_{44}Zr_7B_4Cu_1$[66] 等合金中，Cu 元素的作用也是提供异质形核位置。铜团簇发生在结晶开始之前，这为 α-Fe 的一次结晶提供了异质形核位置。

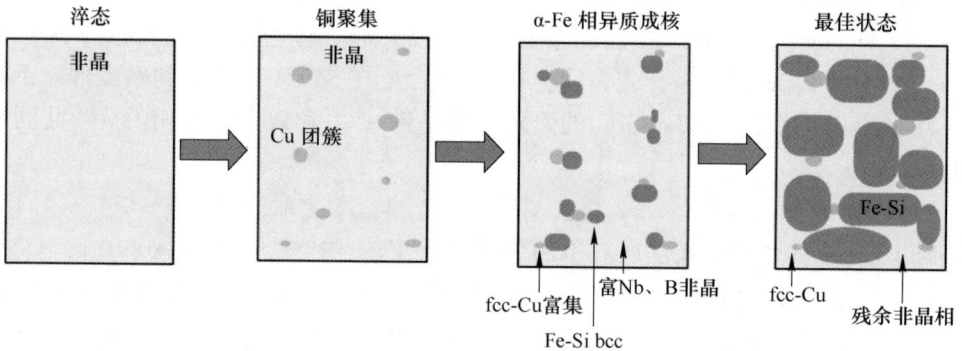

图 1.8 $Fe_{73.5}Si_{13.5}B_9Nb_3Cu_1$ 合金初晶相晶化组织演变示意图[64]

2009 年，Chen 等[61]在 Fe-B 二元合金中添加 Cu 元素，形成（$Fe_{0.85}B_{0.15}$）$100_{1-x}Cu_x$（$x=0$，1，1.5）合金，进一步探讨了 Cu 元素在 FeCuB（Si）合金所起的作用。TEM 和 3DAP 结果清楚地表明，Cu 在增加 α-Fe 晶核密度以及细化晶粒尺寸方面起着至关重要的作用，Cu 与 Fe 和 B 具有正的混合焓，其值分别为 13 kJ/mol 和 15 kJ/mol，这意味着 Cu 倾向于与 Fe-B 非晶态相分离，因此 Cu 与基体之间的相分离可以通过成核或调幅机制发生，取决于 Cu 的浓度，从而形成富 Cu 团簇。

Kane 等[67]研究了添加 Ag 和 Au 元素对铁基纳米晶合金化行为和磁性能的影响。通过实验发现，Ag 和 Au 可以调控纳米晶晶化过程，细化晶粒尺寸，从而显著改善合金的软磁性能，如降低矫顽力和提高磁导率。Chau 等[68]研究了 Zn、Ag

和 Au 替换 Finemet 合金中的 Ag 和 Au 对合金晶化行为和磁性能的影响。结果表明，添加 Zn、Ag 和 Au 均可制备出非晶带材，用 Zn 和 Ag 替换 Cu 后，合金中 α-Fe(Si) 结晶温度升高，且结晶的放热峰更为尖锐，Au 在 Finemet 合金中所起的作用和 Cu 相似。

1.4.4　大半径尺寸元素（Nb、Zr、Mo、V 等）

如前所述，Inoue 曾提出的"经验三准则"规律提到[21]，大尺寸原子可以造成晶格畸变，有效地阻碍原子扩散，从而改善合金体系的非晶形成能力，同时可以抑制晶体的生长。Nb、Zr、Mo、V 等元素的原子半径较大，因此是制备非晶纳米晶合金重要的组元之一。

Nb 是形成 Finemet 合金关键元素之一，首先 Nb 的加入提高了合金的非晶形成能力，其次，Nb 原子的半径较大，扩散缓慢，在退火的过程中可以抑制晶粒长大，细化晶粒尺寸。Wang 等[69]研究了 Nb 对 $Fe_{80}P_{13}C_7$ 块体非晶合金体系的影响，结果表明 Nb 的加入可以很大程度地增大合金的非晶形成能力。

Zr 元素的原子半径为 0.162 nm，在过渡族金属中属于较大半径的原子，合金中加入 Zr 元素，可增加原子之间的错配度，使非晶合金的结构堆垛更加致密。有研究显示，将 Zr 元素添加在 Fe-B 基非晶合金中，会形成 Zr-B 网状骨架结构，这种结构可以使合金在过冷液相区内原子间的相互作用更强烈和更加紧密堆垛，从而使合金更容易形成大块非晶。这表明 Zr 元素可以提高合金的非晶形成能力和软磁性能[70]。

Liu 等[71]研究了添加 Mo 元素对 Fe-P-C-B 非晶合金性能的影响，结果表明随着 Mo 元素含量的增加，Fe-Mo-P-C-B 合金的非晶形成能力增强，同时它的塑性和饱和磁感应强度 B_s 降低。2006 年，Lu 等[72]采用 V 替换 Finemet 合金中的 Nb 元素，研究了 V 对 $Fe_{73.5}Cu_1Nb_{3-x}V_xSi_{13.5}B_9$（$x = 0$, 1, 1.5, 2）合金结构和性能的影响，当 V 原子分数为 1.5% 时，合金获得最佳的软磁性能，$Fe_{73.5}Cu_1Nb_{1.5}V_{1.5}Si_{13.5}B_9$ 纳米晶合金具有的最高初始磁导率 $\mu_i = 135000$，低矫顽力 $H_c = 0.79$ A/m，饱和磁感应强度 $B_s = 1.26$ T，该合金的铁芯损耗也很低，$P_{0.02/200} = 31$ kW/m³，因此 V 掺杂 Finemet 型软磁合金适用于电力变压器中的磁芯材料。

1.5　第一性原理模拟计算

对于材料科学的研究，模拟研究和实验研究是两种相辅相成、互相验证的方法。实验研究的主要手段为控制单一变量来揭示某一参数对材料多方面性能的影响，以此来判断变量与性能之间因果关系的三维模型；模拟研究主要是基于量子力学理论探索不同边界条件下物质结构以及电子相互作用的基本规律。然而根据如今的社会需求，单纯依靠庞大的实验体系已无法满足新材料快速发展的需求，需要借助于理论研究实现高效率、低成本、低碳环保型的研发手段，并沿袭"与实验结果对比—调整边界条件—模拟理论计算"这一环形步骤，逐渐探索、完善理论研究方法。可见，模拟研究和实验研究是互相支撑、不可或缺的重要研究手段。

目前，根据模拟计算研究材料学特性的手段已经相对比较成熟。王玲等[73]通过第一性原理计算，研究了 Co 掺杂对 Ni-Mn-Sn 合金晶格参数和态密度的影响。结果表明，Co 元素的加入改变了 Ni-Mn-Sn 合金费米能级处自旋向下的态密度的分布，形成有利于结构稳定的赝能隙，随着 Co 元素含量的增加，合金的晶胞体积收缩，价电子浓度降低，晶胞母相总磁矩增大。Wang 等[75]利用第一性原理分子动力学模拟研究了 Si 对铁基软磁纳米晶合金的影响，结果表明，在退火过程中，Si 可以抑制类金属元素的扩散，导致结晶过程变得缓慢，可以更好地控制退火的过程。在磁性方面，Si 可以降低铁基合金的饱和磁感应强度，以及间接地降低铁基纳米晶合金的矫顽力。关于铁基非晶纳米晶软磁合金铁磁矩模拟的报道相对较少，还未形成统一、完善的理论模型，需要针对性地进行模拟理论研究，一方面填补该方向的理论空缺；另一方面可以深入研究、探讨影响铁基非晶纳米晶软磁合金饱和磁感应强度的主要参数，以此为指导实现快速、高效、精准的高性能新材料开发。

1.5.1　第一性原理的理论基础

由于固体体系是由多个原子核以及核外电子构成的，根据量子力学原理，由于微观粒子的波函数在势场中满足薛定谔波动方程，可根据实验中不同的要求来设定精确的边界条件，利用误差范围内的近似直接或者是间接地求解薛定谔方程，即求解粒子在空间中各个位置的分布概率，得到在既定条件下材料的电子结构、物理学特性等一系列结果，以此来预测材料的物理性能，此手段即可称为第一性原理计算[76]。而如果单纯地利用实验手段获取这些信息，一方面需要大量的实验设计、样品制备和测试分析，周期长消耗大；另一方面，越是精细的实验测试越需要投入高精密、高要求的大型稀缺贵重测试设备，限制了高性能新材料的开发进程，而运用第一性原理计算可以大幅度缩短研发周期[77]，同时从微观层面揭示材料特性的电子结构以及形成原因。

1.5.1.1　密度泛函理论

密度泛函理论是建立在非均匀电子气理论[78]之上的理论框架，其核心是 Hohenberg-Kohn 定理和 Kohn-Sham 方程[79]。

（1）Hohenberg-Kohn 定理包含两个核心内容：1）基态电子数密度 $\rho(r)$ 是外势场的唯一泛函，并唯一确定了全同费米子系统的基态能量；2）在粒子数固定的条件下，能量泛函 $E[\rho]$ 对正确的 $\rho(r)$ 取极小值，即为系统的基态能量。当多电子系统拥有相同的局域势 $v(r)$，其能量为 $\rho(r)$ 的泛函，$E(\rho)$ 可表示为：

$$E[\rho] = F[\rho] + E_{ext}[\rho] + E_{N-N} \tag{1.16}$$

式中，$F[\rho]$ 与外场无关，主要指电子的动能以及它们之间的相互作用能，可表示为：

$$F[\rho] = T[\rho] + E_{e-e}[\rho] = T[\rho] + \frac{1}{2}\iint drdr' \frac{\rho(r)\rho(r')}{|r-r'|} + E_{xc}[\rho] \tag{1.17}$$

$E_{ext}[\rho]$ 是 $v(r)$ 所表示的外场对电子的作用能，可表示为：

$$E_{ext}[\rho] = \int drv(r)\rho(r) \tag{1.18}$$

E_{N-N} 是原子核之间的斥能，可表示为：

$$E_{N-N} = \sum_{i<j} \frac{Z_i Z_j}{|R_i - R_j|} \tag{1.19}$$

根据 Hohenberg-Kohn 定理，在得到 $E(\rho)$ 的情况下，将其对 ρ 变分，即可直接确定系统基态以及基态性质。

（2）Kohn-Sham 方程是在 1965 年提出的，假定用一个已知的无相互作用电子系统的动能泛函 $T_s[\rho]$ 代替动能泛函 $T[\rho]$，其密度函数与有相互作用电子系统的相同，这样一来，通过求解 Kohn-Sham 方程得到的 N 个单电子波函数 $\varphi_i(r)$ 系统的电子数密度 $\rho(r)$ 可表示为：

$$\rho(r) = \sum_{i=1}^{N} |\varphi_i(r)|^2 \tag{1.20}$$

$$\left\{ -\frac{1}{2}\mathbf{\nabla}^2 + V_{KS}[\rho(r)] \right\} \varphi_i(r) = E_i\varphi_i(r) \tag{1.21}$$

则

$$T[\rho] = T_s[\rho] = \sum_{i=1}^{N} \int dr\varphi^*(r)\left(-\frac{1}{2}\mathbf{\nabla}^2 \right)\varphi_i(r) \tag{1.22}$$

其中

$$\begin{aligned} V_{KS}[\rho(r)] &= v(r) + V_{coul}[\rho(r)] + V_{xc}[\rho(r)] \\ &= v(r) + \int dr' \frac{\rho(r')}{|r-r'|} + \frac{\delta E_{xc}[\rho(r)]}{\delta[\rho(r)]} \end{aligned} \tag{1.23}$$

式（1.20）、式（1.21）、式（1.23）统称为 Kohn-Sham 方程。

（3）交换-关联近似。

在密度泛函理论中，交换-关联泛函描述了电子间的交换作用（由泡利不相容原理引起）和关联作用（由电子间库仑相互作用引起）对系统能量的贡献。

然而，$E_{xc}(\rho)$ 的精确形式无法解析求解，因此学者们提出了不同的近似方法，统称为交换－关联近似。本书采用广义梯度近似方法（Generalized Gradient Approximation，GGA）。对于电子密度非常高的系统，交换作用使得电子密度分布不再均匀，此时 GGA 的非局域性显得尤为重要[80]。GGA 通过引入电子密度的梯度信息，包含了局域梯度效应，从而将交换-关联泛函与电荷密度及其梯度联系起来[81]。其数学形式为：

$$E_{xc}^{GGA}[n\uparrow,\ n\downarrow] = \int d^3 rf(n\uparrow(r),\ n\downarrow(r),\ \nabla n\uparrow(r),\ \nabla n\downarrow(r)) \quad (1.24)$$

式中，$n\uparrow(r)$ 和 $n\downarrow(r)$ 分别为自旋向上和自旋向下的电子密度；$\nabla n\uparrow(r)$ 和 $\nabla n\downarrow(r)$ 为电子密度的样度；f 为依赖于电子密度及其梯度的泛函形式。

　　GGA 显著改善了固体结合能和平衡晶格常数的计算结果，能够更好地描述非均匀电子系统。然而，GGA 在晶格常数和键能的计算中仍存在一些不足，目前仍是众多学者研究的热点问题。

1.5.1.2　能带理论

　　在由大量原子核和电子组成的固体中，严格求解多粒子系统的薛定谔方程极为困难。能带理论通过引入 3 个近似和简化方法来解决这一问题。

　　（1）Born-Oppenheimer 近似[82]。Born-Oppenheimer 近似将原子核与电子的运动解耦，假定原子核静止时处理电子运动。这一近似的基础是认为固体中的电子在整个晶格中共享（共有化电子）。在周期性势场 $V(r)$ 中，势场满足 $V(r+R)=V(r)$，其中 R 为晶格矢量。共有化电子的波动方程为：

$$\left[-\frac{\hbar^2}{2m}\nabla^2 + V(r)\right]\varphi_n = E_n\varphi_n \quad (1.25)$$

其解 φ_n 具有以下性质：

$$\varphi_n(k,r+R_m) = e^{ik\cdot R_m}\varphi_n(k,r) \quad (1.26)$$

式中，R_m 为晶格矢量；k 为波矢，受限于周期性边界条件，k 在倒易空间取值不连续：

$$k = \frac{l_1}{N_1}b_1 + \frac{l_2}{N_2}b_2 + \frac{l_3}{N_3}b_3 \quad (l_1、l_2、l_3 \text{ 为整数}) \quad (1.27)$$

式中，b_1、b_2、b_3 分别为晶体中倒格子的基矢；N_1、N_2、N_3 分别为基矢对应方向的原胞数；$\varphi_n(k,r)$ 为 Bloch 函数。

　　（2）单电子近似：单电子近似将原子核及其他电子的平均作用势视为一个等效势场，每个电子独立地在等效势场中运动。这一近似将多电子问题简化为单电子问题。

　　（3）周期性等效势场近似：周期性等效势场近似假定固体为理想晶体，电子在周期性势场中运动。这一近似进一步简化了势场的形式，使其具有晶格周期性。

1.5.1.3　能态密度

能态密度（Density of States，DOS）是描述固体中电子态分布的重要物理量，包括总态密度、局域态密度和分波态密度。总态密度 $N(E)$ 是各能带态密度的总和，表示在能量 E 处单位能量区间内的电子态数目。总电子数 N 可以通过对总态密度从负无穷到费米能级 E_F 积分得到：

$$N(E) = \sum_n \int_{BZ} \delta(E - E_{nk}) \, dk \tag{1.28}$$

式中，积分范围覆盖整个布里渊区（BZ）；$\delta(E - E_{nk})$ 为能带 n 在波矢 k 处的态密度贡献；E_{nk} 为能带 n 在波矢 k 处的能量。

局域态密度（Local Density of States，LDOS）描述了固体系统中各个原子或原子附近区域的电子态对总态密度的贡献。分波态密度（Projected Density of States，PDOS）则进一步利用电子态的角动量（s、p、d 等）分析这些贡献，从而分辨 DOS 主峰的电子特征（如 s、p、d 电子）。通过分析 PDOS，可以定性研究体系中电子杂化的本质以及 X 射线光电子能谱（XPS）主要特征的来源。

1.5.2　模拟计算软件介绍

材料的性能（如力学性能、电磁性能等）是由组织结构决定的，研究材料的微观结构可为其宏观性能做理论支撑。随着科技的不断进步，单一的实验已经很难满足新材料的快速发展，基于第一性原理的模拟计算逐步被开发应用，它成为理论研究和实验研究之间的纽带，更好地促进着材料科学的发展。本书所使用的模拟计算软件为 Materials Studio，它拥有一个集量子力学、分子力学、介观模型、分析工具模拟和统计相关为一体的容易使用的建模环境，包含 Dmol3、VAMP、CASTEP、PDP 等模块。本书所使用的是 CASTEP 模块，此模块拥有先进的量子力学程序，基于密度泛函理论（DFT）平面波赝势法，进行第一性原理量子力学计算，适用于包括电子、磁学和光学性能的本征和根源的研究，尤其对单胞以及周期性重复的超元胞材料特点的模拟计算，通过构建已知原子数物质的模型，即可通过虚拟计算来预测材料科学、化工化学以及固体物理等诸多领域变量与性能的关系趋势，根据实验结果只需简单的实验数据验证，节约实验成本的同时极大地缩短了实验周期。第一性原理模拟计算方法在金属材料、陶瓷、半导体等方面得到了广泛的应用。具体来说，可用于研究晶体的结构及缺陷（如空位、间隙或者取代掺杂等）、电子结构（能带及态密度、声子谱）、光学性质、表面和表面重构的性质、表面化学等方面的计算。

1.6　铁基非晶纳米晶合金的应用现状及存在的问题

1.6.1　铁基非晶纳米晶合金的应用现状

铁基非晶合金由于其高磁导率、低矫顽力、低损耗等优异的软磁性能，受到科研人员的广泛关注，并广泛地应用于变压器、互感器、扼流圈、平波电抗器和漏电开关等方面[83-86]。图 1.9 为相应领域对铁基非晶纳米晶软磁特性的要求。

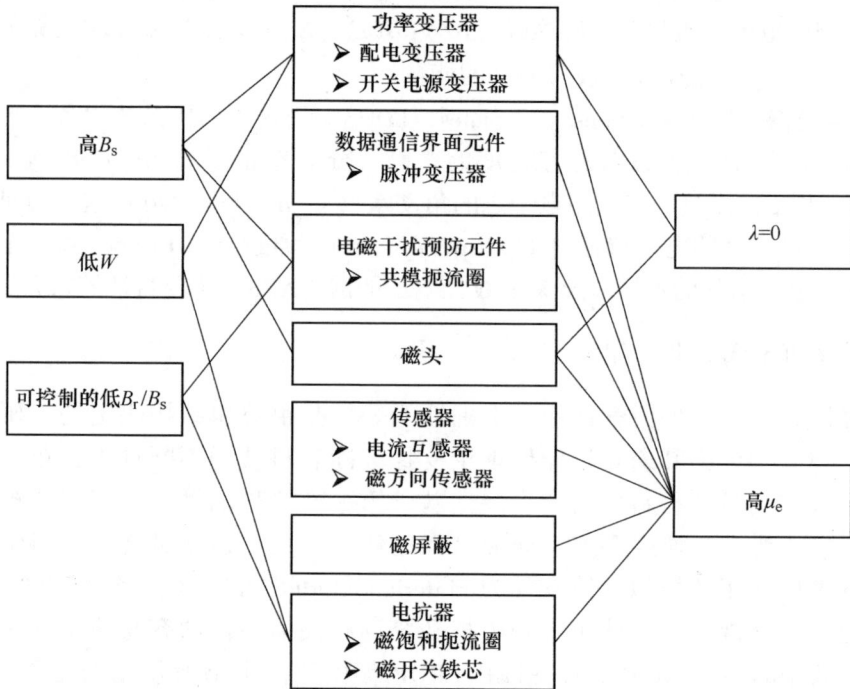

图 1.9　铁基非晶纳米晶合金对应的应用领域[42]

目前我国在低频范围内的电源技术上对软磁合金材料的需求较大，综合损耗、价格等因素，使用较多的为 Fe-Si-B 非晶合金（$B_s = 1.6$ T）。在中频范围内，Fe-Si-B 非晶合金的损耗显著增大，因此 Finemet 型合金是最佳选择。对于 Finemet 合金，我国目前生产使用的厚度约为 30 μm，它有较高的起始磁导率，用作电网中的互感器和各类电器的设备的漏电保护开关。FeMSiBCu（M = Nb，Mo，W，Ta）型非晶纳米晶经过纵向磁场退火后，获得高矩形比材料（高剩磁），可用作磁放大器使用于中高频开关电源中[60]。

1.6.2　铁基非晶纳米晶合金当前存在的问题

虽然铁基非晶纳米晶在很多性能上优于传统的软磁材料，但是仍然存在着很多问题，面临着诸多挑战，需要人们更深入地研究。目前存在和需要解决的主要问题如下：

（1）合金的饱和磁感应强度仍然相对较低。目前广泛使用的 Finemet 合金的 B_s 仅有 1.24 T，相对于传统的硅钢片 B_s = 1.9 T 仍然很低。

（2）高频性能较差。我国目前生产的铁基非晶纳米晶的厚度在 25 ~ 30 μm，适合在 20 ~ 50 kHz 范围内使用。若想要在 100 kHz 范围内使用，需要控制非晶纳米晶薄带的厚度在 20 μm 以下。我国目前已经具备制备 20 μm 以下铁基非晶纳米带材的能力，但要实现大规模生产并在 100 kHz 及更高频率范围内应用，仍需进一步优化工艺和材料设计。

（3）非晶纳米晶合金的脆性问题。目前所制备的铁基非晶合金延展性低，脆性大，在加工过程中存在诸多的问题，在产品的实际应用中也无法达到要求。

1.7　本书研究内容

本书重点针对"铁基非晶纳米晶合金的饱和磁感应强度仍然相对较低"这一问题展开研究。提高铁基非晶纳米晶合金的 B_s 有两种方法：（1）直接提高铁含量；（2）添加可以提高铁的磁矩（μ_{Fe}）的合金元素。通过第 1 种方法，可以获得许多具有高 B_s 的非晶纳米晶合金[33,86,88]，如 $Fe_{82}Cu_1Si_4B_{11.5}Nb_{1.5-x}Mo_x$（$x$ = 0，0.75，1.5）合金，Fe 的含量达到 82%，它的 B_s 为 1.67 ~ 1.72 T，H_c 为 8.9 ~ 10.8 A/m[89]。还有 $Fe_{82.5}Si_3B_{13}P_{0.5}C_{0.2}Cu_{0.8}$ 合金，它的铁含量高达 82.5%，B_s 达到 1.79 T，H_c 为 9.5 A/m[90-91]。然而直接提高铁的含量，会导致类金属元素含量的降低，合金的非晶形成能力降低。对于第 2 种方法，有研究表明[92-94]，Ga、Ge 和 Co 元素均可以提高 Fe 的磁矩。根据 Inoue[21] 提出的"井上三原则"，与直接提高 Fe 的含量相比，提高 B_s 的同时，也可以兼顾合金的非晶形成能力。关于 Co 元素的添加，已有很多研究[95-97]，而 Ga 和 Ge 元素添加的报道较少。Moya 等[98-99] 研究了 Ge 元素添加对 $Fe_{73.5}Si_{13.5-x}Ge_xNb_3B_9Cu_1$（$x$ = 0，6，7，8，10，13.5）合金软磁性能的影响，结果表明 B_s 几乎没有增加，而 Ge 的添加本应该是提高 B_s 的，本书利用元素间电子转移效应对这一现象进行了解释。Zhu 等[100] 将 Finemet 合金中的 Si 替换为 Ga，结果表明，随着晶化体积分数的增加，B_s 先升高后下降。

本书拟通过在 Fe 基合金中添加 Fe 磁矩（μ_{Fe}）增强元素和类金属元素，即同时加入 Ga 和 Ge 元素，形成 FeGaGeB 合金，在此基础上，探讨 Fe 元素、类金属元素（B、Si 和 P）和铁磁矩增强元素（Ga 和 Ge）之间的电子转移效应，并建立"Fe 的磁矩演变–饱和磁感应强度"的关联模型，探明合金元素对 Fe 磁矩的影响机理及其物理本质，为开发高 B_s 和非晶形成能力的新型铁基非晶纳米晶软磁合金提供基础理论支撑，利用第一性原理计算铁磁矩并与实验结果对比，初步建立模拟与实验的关联性和合金元素对 Fe 磁矩影响的定性分析，为实现 Fe 磁矩的可控性奠定基础；开发兼顾高 B_s 和优异软磁性能的 Fe 基非晶纳米晶合金，拓展其在电子电力行业的广泛应用，加快我国电力电子产业结构的调整转型。最后，将得到的结论运用于 FeNi 基非晶合金，开发新型 FeNi 基合金。

具体研究内容如下：

（1）以 FeGaGeB 为基础合金，研究类金属元素 Si 对其结构和软磁性能的影响。并利用第一性原理计算 α-Fe(Ga,Ge,Si) 固溶体的结构与磁性，模拟掺杂元素对 μ_{Fe} 的影响，并与实验结果对比分析，初步探索纳米晶相中 Fe 与各元素间的电子转移效应。

（2）在 FeGaGeB 合金的基础上加入原子分数 1% 的 Cu 元素，探讨 Ga、Ge 含量比对 FeGaGeBCu 合金的热稳定性、结构和软磁性能的影响规律，并通过晶化动力学具体分析合金的形核和长大机制。

（3）在前期研究的基础上，加入 P 元素，探讨 P 元素对该体系合金 B_s 的作用机理，并分析退火温度、升温速率对合金晶化行为、结构演变和磁性能的影响机理。

（4）为了与添加铁磁矩增强元素合金的对比，直接添加了磁性元素。首先，加入了原子分数为 5% 的 Ni 元素，探讨了少量 Ga 元素的添加对其组织结构和性能的影响。其次，直接提高了 Fe 元素的含量，探讨了大尺寸原子 Zr、Nb 对其组织结构和性能的影响。

（5）在 Fe 与各元素间电子转移效应的研究基础上，将 Ga 加入 FeNi 基合金中，探讨 Ga 元素对 FeNi 基合金组织和性能的影响，并与商业合金 $Fe_{40}Ni_{38}Mo_4B_{18}$ 的性能做比较，开发具有细小纳米晶的新型 FeNi 基合金。

2 实验方案及表征测试

2.1 实验方案和内容

本书的总体实验方案如图 2.1 所示，具体的实验内容和技术路线如图 2.2 所示。

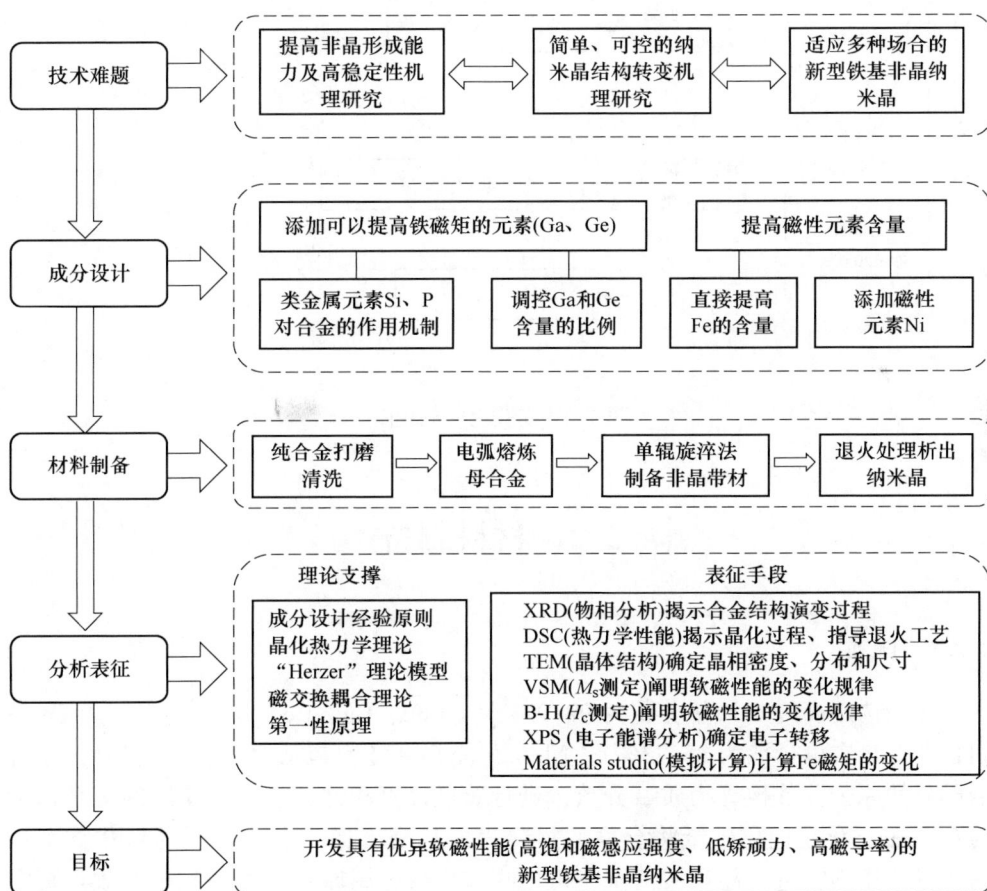

图 2.1　研究方案流程图

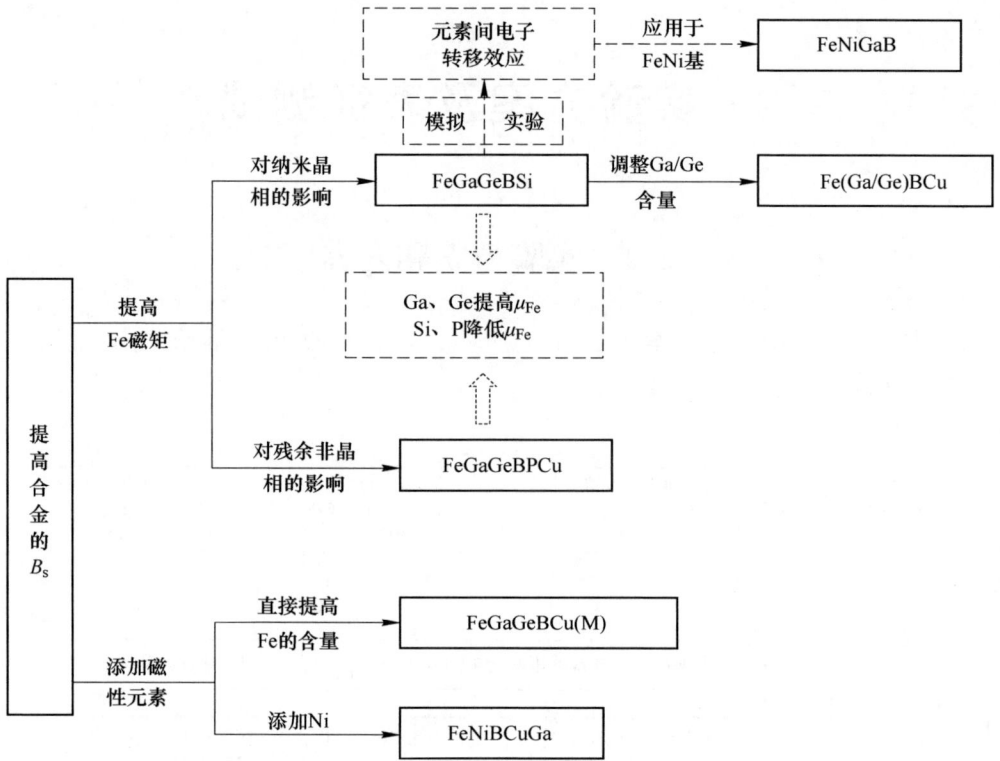

图 2.2 实验内容流程图

2.2 材料制备

2.2.1 配料

实验选用高纯（质量分数为 99.99%）的 Fe、Ga、Ge、B、Si、Cu、P-Fe 中间合金（P 质量分数为 25.23%）、Nb、Zr 原料（原料包括合金、单质等），按合金成分的原子分数换算为质量分数，进行质量计算和称量。称量使用的天平精度为 0.1 mg，称量前用砂纸将金属原材料表面打磨干净，去除表面的氧化物和油污，然后用酒精进行超声波清洗，再用吹风机将金属原材料表面吹干，放入真空罩中备用。由于 B 元素易挥发，根据配置经验，B 单质的实际称量值为理论值的 1.05 倍。

2.2.2 熔炼母合金

利用真空电弧炉进行母合金的熔炼，型号为 MSM20-8（非自耗式）微型金属熔炼电弧炉，如图 2.3 所示。

图 2.3 微型金属熔炼电弧炉

熔炼步骤如下：

（1）将称量好的低熔点和易挥发的金属 Ga 块，以及单质 Si 块和单质 B 块置于真空电弧炉最底层，将 Fe、Nb 等高熔点元素放在原料上层，这样可以减少低熔点元素的挥发；

（2）打开循环冷水泵，并开启真空泵抽真空，当真空度显示为 10^{-1} Pa 时，开启分子泵，当真空度达到 10^{-3} Pa 以下时，关闭抽真空系统。然后充入高纯氩气（99.999%）进行炉腔清洗，接着再次抽真空。如此的步骤重复 3 次，使炉腔内的真空度达到最低；

（3）打开焊机电源，首先对 Ti 合金块进行熔炼，这样做的目的是消耗炉腔内的残余氧气，因为 Ti 元素很容易与氧元素发生氧化反应，这样进一步净化了炉腔；

（4）开始进行合金的熔炼，首先用较小的电流将表层的高熔点合金先熔化至熔融状态，使里面未熔化的合金被包裹住，这样做的目的是防止飞溅，然后缓慢增大电弧电流，使全部合金被熔化。等合金母锭冷却后，将其反转，然后进行第 2 次熔炼，如此反复熔炼 5~6 次，便得到合金母锭，这样做的目的是使合金成分均匀；

（5）将合金母锭取出，用沾有丙酮或无水乙醇的纱布对炉体和铜坩埚进行清洁，方便下次使用，以及延长仪器的使用寿命。

2.2.3　单辊旋淬法制备非晶带材

本书采用单辊旋淬法制备非晶带材，实验装置如图 2.4 所示。

图 2.4　单辊甩带设备

实验步骤如下：

（1）将熔炼好的合金母锭用线切割机进行切割，大小 1 cm³ 左右，然后用沾有无水酒精的纱布将其表面清洁干净，用吹风机吹干后放入特制的带喷嘴的石英管中，用细砂纸将铜辊表面打磨干净，并用丙酮和无水酒精擦干净。然后将石英管固定，并调整石英管喷嘴与铜辊之间的距离，一般为 1~2 mm。安装好之后检查炉腔内安全无异样，关闭炉门。

（2）抽真空，当真空度达到 10^{-3} Pa 以下时，关闭真空泵。通入高纯氩气（99.999%），并观测腔体内的压力差，当压力差约为 0.025 MPa 时，开启铜辊电机开关，并调整铜辊转速使熔融合金被甩出时的线速度为 29.9 m/s，待铜辊速度稳定后，打开冷却循环系统。

（3）开启加热设备，用中频感应加热熔化母锭，当石英管中的合金变为液态时，开始进行喷射。将熔融合金以一定的喷铸压力喷射到高速旋转的铜辊上冷却，因为铜辊的导热性好，旋转速度快，因此熔融的合金瞬间凝固成非晶薄带。

图 2.5 为本实验所制备的非晶带材，它具有明亮的金属光泽，还具有一定的韧性。

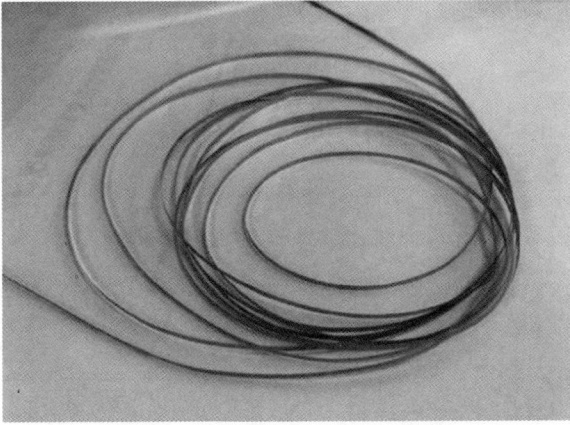

图 2.5 实验制备的非晶带材

影响带材质量的因素有很多，如喷嘴形貌与尺寸、喷嘴与铜辊之间的距离、喷铸温度、喷铸压力、铜辊转速等。本实验选用直径为 1 mm 的圆形喷嘴。喷嘴与铜辊之间的距离是影响熔潭形貌的主要原因之一[41]，距离过小会打伤铜辊，缩短铜辊的使用寿命；距离过大有可能会无法形成熔潭，从而造成带材的不连续。即使形成了熔潭，也会导致熔融合金在铜辊表面堆积，形成的非晶带材较厚且不均匀。喷铸温度主要影响熔融合金的表面张力和黏度[41]。喷铸温度不易过高或者过低，温度过高会导致合金的冷却速率无法达到临界值，从而无法形成非晶；温度过低合金的表面张力和黏度较大，无法在一定的喷铸压力下喷出熔融合金。通常认为，铜辊转速越大，越容易形成非晶，但是在实际操作过程中，铜辊转速过快时，会卷入过多的气体，从而导致带材表面出现较多的裂纹。

2.2.4 热处理工艺

将非晶合金进行热处理可得到非晶纳米晶组织。退火处理在真空退火炉中进行，首先将非晶带材剪至 5~6 cm 长，放在退火炉中并固定；然后进行抽真空处理，当真空度为 10^{-3} Pa 以下时，关闭抽真空系统，充入高纯氩气，待充满后，再进行抽真空处理；如此步骤重复 3 次，目的是将真空度降到最低；接着进行温度程序设定，如图 2.6 所示；最后按设定好的程序进行退火处理。

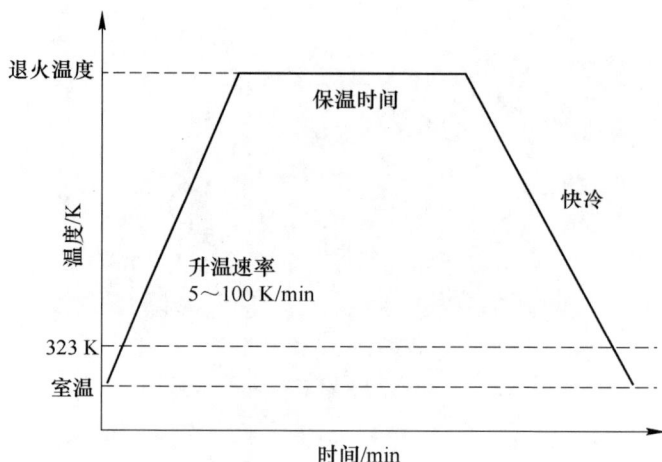

图 2.6　退火工艺示意图

2.3　分析表征

2.3.1　X 射线衍射分析仪

　　X 射线衍射仪是研究材料结构不可缺少的仪器之一。晶体由大量的原子有序地排列组成，每个原子又由原子核和核外电子组成，当 X 射线（一种波长很短的电磁波，能够穿透一定厚度的物质）对晶体进行照射时，电子受迫振动，产生经典相干的散射波，同一原子内各电子散射波会相互干涉，使得某些方向上加强，某些地方减弱，从而形成了衍射波。图 2.7 为X 射线衍射仪的结构示意图[74]。晶态合金的 XRD 图谱一般为尖锐的峰，而非晶态合金为漫散射峰，这是因为晶态合金长程有序，而非晶态合金短程有序、长程无序，因此可通过 XRD 图谱来判定合金是否为非晶态。当非晶态合金中出现部分晶化时，XRD 图谱会在漫散射峰的基础上叠加尖锐的晶化峰，对晶化峰进行拟合分析，可得到纳米晶相的体积分数。本书所使用的 X 射线衍射仪如图 2.8 所示，该仪器使用的是 Cu 靶材，K_α 射线的波长约为 $\lambda = 0.154056$ nm。选取光滑、均匀、完整的条带剪成长度为 1 cm的小条带，整齐排列，并用双面胶固定在玻璃底板上，然后进行测试。

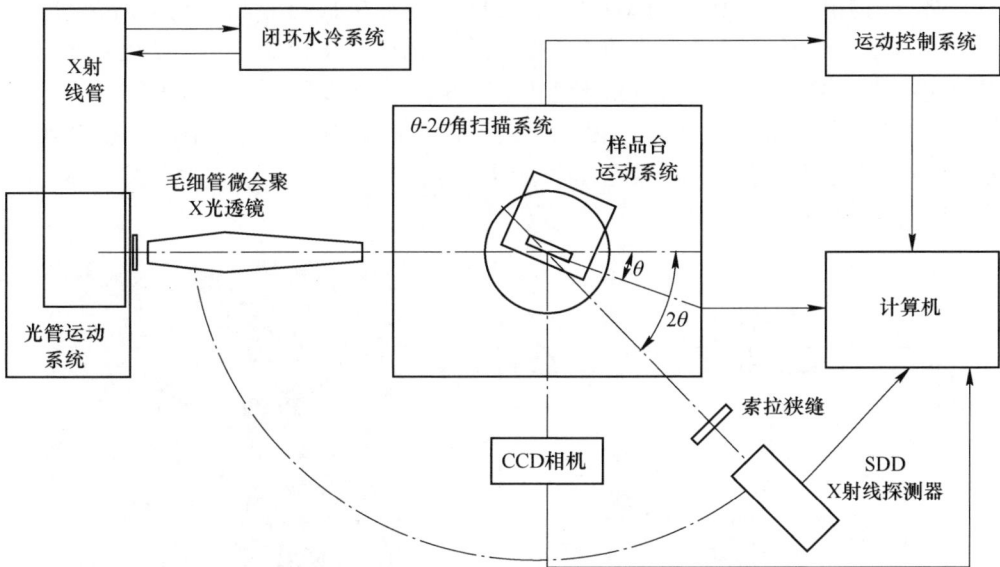

图 2.7 点光源的自适应束斑 X 射线衍射仪（Hawk-Ⅱ）结构示意图[74]

图 2.8 X 射线衍射分析仪

2.3.2 差示扫描量热仪

差示扫描量热仪（DSC）测量得到的曲线称为 DSC 曲线，它以样品的热流率（dH/dt）为纵坐标，以温度（T）或时间（t）为横坐标，可以测量质量热容、相变温度、反应热、转变热、结晶行为等多种热力学和动力学参数。

　　本书使用耐驰（DSC/DTA-TG）STA 同步热分析仪对非晶合金进行热分析，如图2.9所示。从 DSC 曲线中可得到非晶合金的玻璃化转变温度、晶化温度、熔点等热力学参数，这些数据是晶化动力学分析的重要参数。实验所需的样品量为50~150 mg，将非晶带材剪为小段，放入氧化铝坩埚中，为防止氧化，整个实验过程在氩气氛围下进行。对温度程序进行设定，加热方式一般分为等温加热和非等温加热两种方式。

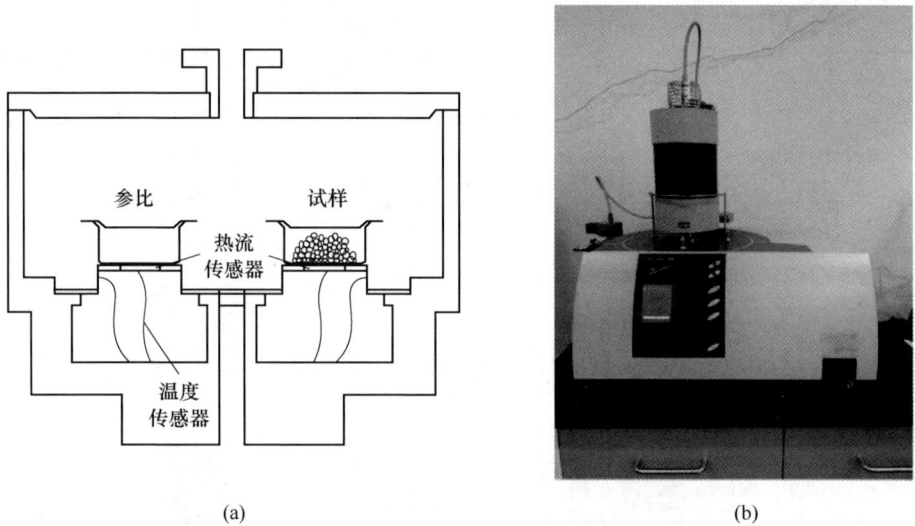

(a)　　　　　　　　　　　　　　　　(b)

图 2.9　差示扫描量热仪结构（a）和仪器照片（b）

2.3.3　X 射线光电子能谱

　　X 射线光电子能谱（XPS）是一种对材料的成分和化学状态进行分析的表面分析技术，可用于定性分析和半定量分析。XPS 图谱一般包括光电子谱线、俄歇电子谱线、自旋轨道分裂、卫星峰（伴峰）、震激谱线、能量损失峰等。与标准谱对比后，根据 XPS 图谱的峰值位移即可分析样品最外层元素成分、核外电子排布情况，并能根据峰值强度从一定程度上辨别元素对应化学态的含量和浓度。

　　XPS 的基本原理是光电效应，当特定波长的 X 射线照射样品时，携带的能量被样品表面原子的核外电子吸收，高能态电子将不再受原子核的束缚，从而脱离原子成为自由态，原子本身则变成一个激发态的离子。根据爱因斯坦的光电发射定律：

$$E_k = h\nu - E_B - \Phi_{SP} \tag{2.1}$$

式中，E_k 为光电子动能；$h\nu$ 为 X 射线源光子的能量；E_B 为特定原子轨道上的结合能；Φ_{SP}为电子能谱仪的功函数，由电子能谱仪的材料及其表面状态决定，与样品无关，其典型值为3~5 eV。测量光电子的动能，结合已知的入射光子能量和仪器功函数，即可精确确定光电子的结合能，进而确定表面的元素组成及该元素所处的化学态。

本书使用Axis Supra光谱仪进行XPS分析，如图2.10所示，配备单色铝靶X射线源（1486.6 eV），单色X射线束聚焦在0.7 mm×0.3 mm的样品表面区域上。电子能量分析仪垂直于样品表面，采用0.01 eV的步长，每个峰值扫描两次。

图2.10　Axis Supra光谱仪

2.3.4　透射电子显微镜

透射电子显微镜（TEM）的原理与光学显微镜类似。图2.11（a）为透射电子显微镜的内部结构图。与光学显微镜不同的是，TEM使用电磁透镜（由电磁场驱动的透镜）来聚焦和操控电子束，其光源为电子束，波长极短，通常为0.1~0.2 nm。显微镜的分辨率与光源波长直接相关，因此TEM的分辨率极高。此外，电子束的能量较大，可以直接穿透较薄的样品。根据样品内部原子排列的差异，电子束的透射率会有所不同，从而形成明暗对比的图像。这使得TEM能够直接分析样品内部的精细结构。在材料科学领域，TEM是一种重要的分析方法，是研究材料微观结构的有力工具之一。

本书使用的仪器为日本JEM-F200场发射透射电子显微镜，如图2.11（b）所示。在拍摄TEM图像前，需将样品厚度降低到几纳米，保证电子束能够穿过，常用的手段为离子减薄，即用离子束轰击样品，在厚度方向上烧去一部分样品形成薄区。

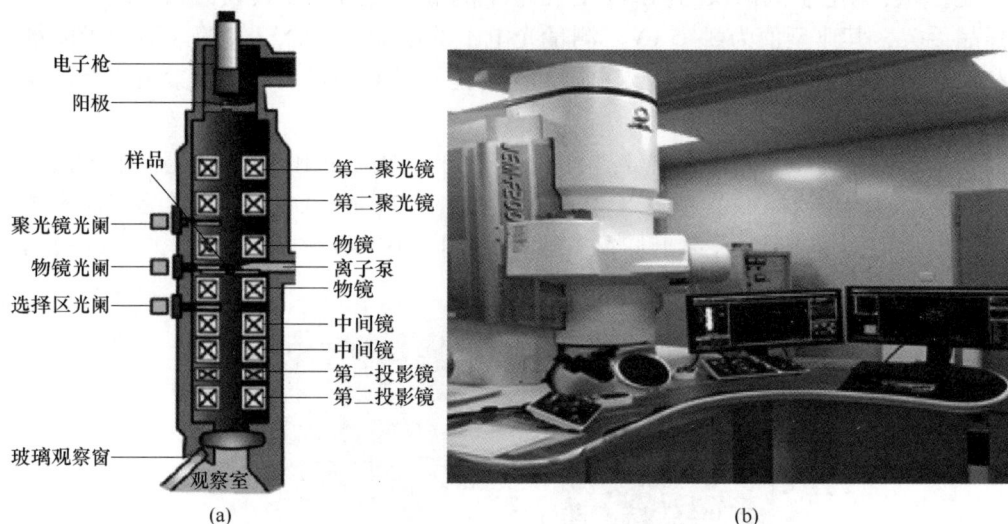

图 2.11　透射电子显微镜内部结构图（a）和仪器照片（b）

2.3.5　振动样品磁强计

振动样品磁强计（VSM）用于各种磁性材料的测量，如非晶软磁、磁性粉末、磁性薄膜、磁性块体等。它是基于电磁感应原理制成的，如图 2.12（a）所示。VSM 主要针对大磁场下样品的磁滞回线进行测试，外场通常在 1~3 T 之间，从而保证样品达到磁饱和状态。然而，由于 VSM 产生磁场的主体为非线圈，因

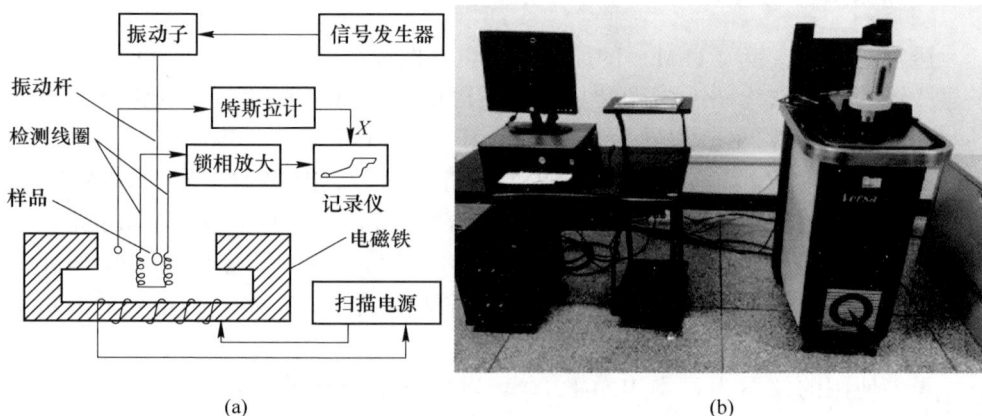

图 2.12　振动样品磁强计原理图（a）和仪器照片（b）

此剩磁较大，所以一般不用来测试软磁材料的矫顽力，检测结果中磁滞回线的矫顽力也不用来表征软磁性能，而只取饱和磁化强度的值。VSM 测量得到的是样品的饱和磁化强度，单位为 emu/g（1 emu/g = 1 A/m）。本书使用由美国 Quantum Design 公司生产的 VSM 测试仪，如图 2.12（b）所示。在测量前，先将被测样品裁剪成合适的尺寸，然后在电子天平上称量，将称量好的试样用无磁性的双面胶粘贴在样品杆上，再将试样缓慢地放入仪器测试仓内，然后按设定好的程序进行测量。本书中所有实验的外加磁场均为 20000 Oe，测试过程在真空氛围下进行。

2.3.6 阻抗分析仪

阻抗是电子电路和元件材料一个很重要的参数。阻抗分析仪是一种测量复数电阻抗随频率变化的仪器。它利用自动平衡电桥法，测量器件在扫频测试过程中的电压、电流和相位。本书通过阻抗分析仪测量电感值（L），从而计算得到非晶软磁合金的有效磁导率（μ_e）。实验所采用的仪器为美国安捷伦公司生产的型号为 4294A 的阻抗分析仪，如图 2.13 所示。选取一根长为 50 mm 的合金带材在电子天平上称量，并记录质量，放入螺旋管中，通过变化外加磁场来测量电感值。测试过程中，磁场的频率测试范围为 40 Hz~110 MHz，阻抗分析仪的电流为 200 μA 时对应的磁场强度为 1 A/m。再通过式（2.2）计算得到有效磁导率（μ_e）：

$$\mu_e = 2.33 \times \frac{S_0}{S_x} \times \left(\frac{L_x}{L_0} - 1 \right) \tag{2.2}$$

式中，μ_e 为有效磁导率；常数 2.33 是使用标准样品校正之后所得；S_x 为带材样品的横截面积（质量/密度×长度）；S_0 为螺线管线圈的横截面积；L_x 为样品在 1 kHz 频率下对应的电感值；L_0 为初始空载线圈的电感值。

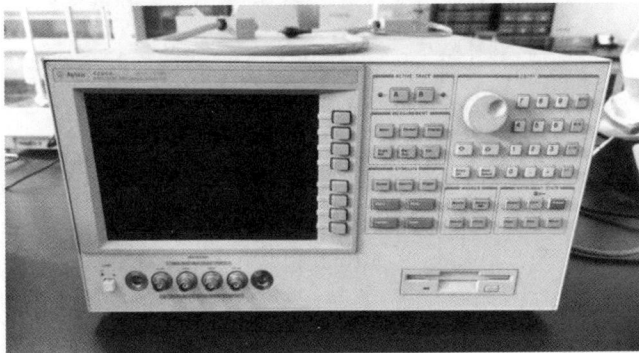

图 2.13 阻抗分析仪

2.3.7　直流软磁测量装置

本书采用软磁直流测量装置（B-H 仪）来测量合金的矫顽力（H_c）。仪器如图 2.14 所示，由湖南联众公司生产，型号为 MATS-2010SD。B-H 仪同样是用来测试样品的磁滞回线，但由于其磁场发生装置为线圈，几乎没有剩磁，因此常用来测试软磁材料的矫顽力。它的测量方式为闭路测量和开路测量，由于本书所制备的合金均为条带状，因此均采用开路测量方式。测试前首先选取表明光滑且完整的带材，长度为 50~60 cm，然后将试样放在样品槽上，再将样品槽缓慢地插入螺线管中，要保证样品穿过螺线管。随后在 800 A/m 的外加磁场下进行测试，为了保证测量的精准度，每个参数的试样均测量 3 次，最后求平均值。

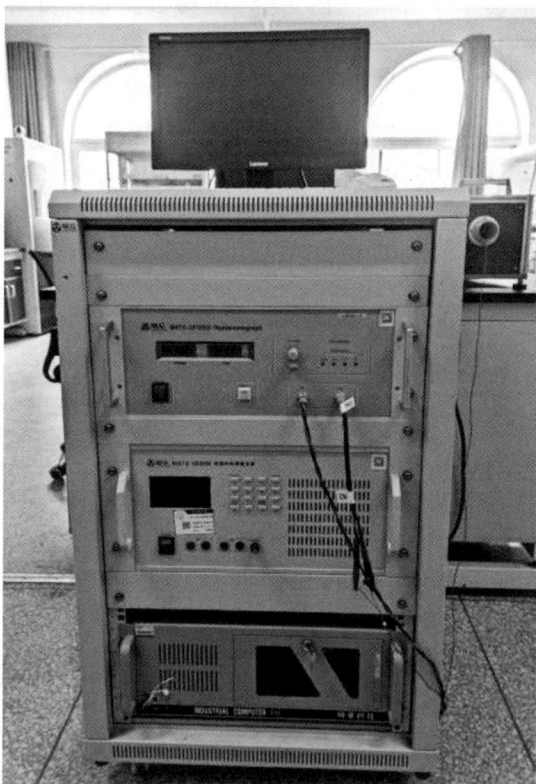

图 2.14　MATS-2010SD 型直流软磁测量装置

3 Si 元素对 FeGaGeB 合金组织结构和软磁性能的影响

近年来，铁基非晶纳米晶合金以优异的软磁性能受到广泛关注，如高磁导率、低矫顽力和低铁芯损耗[30,33,84]。面对电气设备向小型化和节能化方向发展的趋势[101]，铁基非晶纳米晶合金需要具有更高的饱和磁感应强度（B_s）和更低的矫顽力（H_c）。如前所述，提高铁基非晶纳米晶合金的饱和磁感应强度有两种方法：（1）直接提高铁含量；（2）添加可以提高 Fe 原子磁矩（μ_{Fe}）的合金元素。但是多项研究表明[102-104]，直接提高铁的含量会导致类金属元素含量下降，合金的非晶形成能力变差。而添加提高铁原子磁矩的合金元素，通过多种元素的掺杂，会使合金具有一定的非晶形成能力。因此本书选择第 2 种方法，并根据先前 $Fe_{77.5}Si_{7.5}Ga_6B_9$ 合金[94]的研究，设计了成分为 $Fe_{76}Ga_6Ge_5B_{13}$ 和 $Fe_{76}Ga_6Ge_5B_9Si_4$ 的基础合金。

Si 为制备非晶合金非常重要的类金属元素，朱乾科等[100]研究了由 Ga 取代部分 Si 的类 Finemet 合金 $Fe_{73.5}Si_{13.5-x}Nb_3B_9Cu_1Ga_x$，发现合金的饱和磁感应强度随着晶化体积分数的增加先增加后减少。同时，朱乾科等[94]也认为 Si 在 α-Fe（Ga）中的固溶降低了纳米晶合金的饱和磁感应强度。因此，为了揭示影响铁基非晶纳米晶软磁合金饱和磁感应强度的因素，需要进一步研究 Fe、类金属元素（B、Si）和 Fe 原子磁矩增强元素（Ga 和 Ge）之间的电子转移效应。由于 Ga、Ge 和 Si 均可固溶在 α-Fe 中，且原子半径排序为 Ga、Ge>Fe>Si，因此，Ga 和 Ge 与 Si 在 Fe 中的固溶对晶格常数的影响是相反的，这样一来，FeGeGaBSi 合金中初晶相的 Fe 原子磁矩以及晶格常数的演变可以直接阐明 Ga、Ge、Si 和 Fe 之间的电子转移效应。根据 $Fe_{77.5}Si_{7.5}Ga_6B_9$[94] 和 $Fe_{73.5}Si_{13.5}B_9Cu_1Nb_3$ 等合金的研究，当 B 原子分数低于 9% 时，合金的非晶形成能力将大大恶化。因此，在 $Fe_{76}Ga_6Ge_5B_{13}$ 合金的基础上，选择了成分为 $Fe_{76}Ga_6Ge_5B_9Si_4$ 的合金。本章用单辊旋淬法制备了 $Fe_{76}Ga_6Ge_5B_{13}$ 和 $Fe_{76}Ga_6Ge_5B_9Si_4$ 非晶薄带，研究了 Si 掺杂对非晶薄带微观结构和软磁性能的影响，并讨论了合金中 Fe 原子磁矩的演变。

3.1 FeGaGeB(Si)合金的非晶形成能力和热稳定性

图 3.1 为淬态 $Fe_{76}Ga_6Ge_5B_{13}$ 和 $Fe_{76}Ga_6Ge_5B_9Si_4$ 合金的 XRD 图和 DSC 曲线。

从图 3.1 （a）可以看出，两种合金 XRD 曲线均在 $2\theta = 44°$ 附近有一个漫散射峰，表明淬态 $Fe_{76}Ga_6Ge_5B_{13}$ 和 $Fe_{76}Ga_6Ge_5B_9Si_4$ 合金均为非晶结构。图 3.1 （b）中两种合金的 DSC 曲线均有两个放热峰，对应为 α-Fe 相和 Fe_2B 硬磁相的析出[105]。T_{p1} 为第 1 个峰的峰值温度，T_{p2} 为第 2 个峰的峰值温度，当合金中掺杂 Si 元素后，峰值温度 T_{p1} 降低，这说明 Si 掺杂降低了合金的热稳定性，从而降低了合金的非晶形成能力，然而根据之前的研究[106]，Si 的加入本应该是可以增强合金的非晶形成能力的，这里 Si 降低合金非晶形成能力的具体原因见后面 XPS 的分析。与 $Fe_{76}Ga_6Ge_5B_{13}$ 合金相比，$Fe_{76}Ga_6Ge_5B_9Si_4$ 合金的 T_{p2} 升高，表明 Si 元素置换部分 B 元素之后拓宽了合金的晶化窗口，增强了 Fe_2B 相的热稳定性。

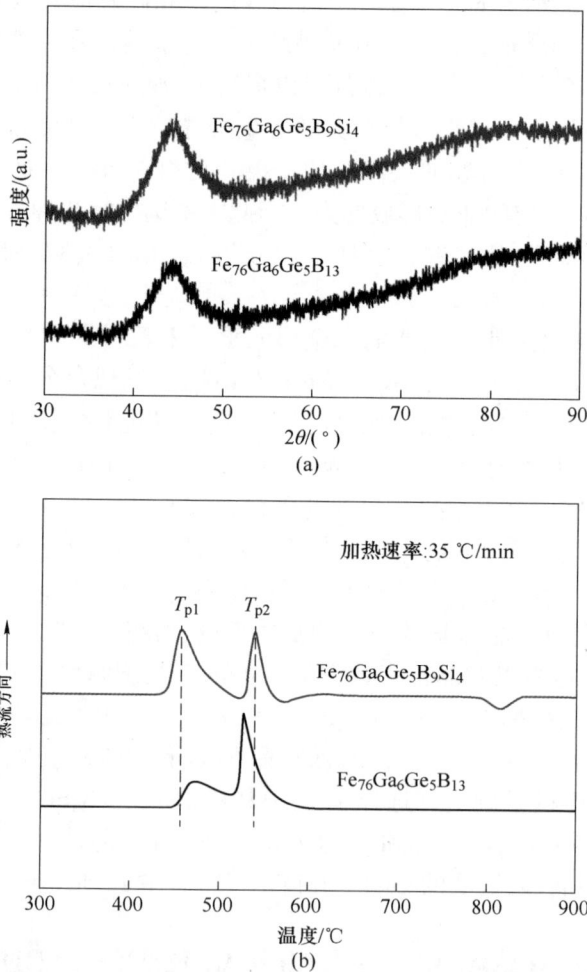

图 3.1　淬态合金 $Fe_{76}Ga_6Ge_5B_{13}$ 和 $Fe_{76}Ga_6Ge_5B_9Si_4$ 的 XRD 图 （a） 和 DSC 曲线 （b）

根据 DSC 曲线中初晶相的晶化温度，将淬态 $Fe_{76}Ga_6Ge_5B_{13}$ 和 $Fe_{76}Ga_6Ge_5B_9Si_4$ 非晶合金在 400~525 ℃下进行真空退火，保温时间为 1 min。图 3.2（a）和（b）分别为 $Fe_{76}Ga_6Ge_5B_9Si_4$ 和 $Fe_{76}Ga_6Ge_5B_{13}$ 非晶合金退火后的 XRD 图。从图中可以看出，两个合金在 400 ℃退火 1 min 后仍然是非晶态，当退火温度为 425 ℃时，合金开始析出 α-Fe 相，随着退火温度的逐渐增加，晶化体积分数逐渐增加。当退火温度为 500 ℃时，$Fe_{76}Ga_6Ge_5B_{13}$ 合金开始析出 Fe_2B 硬磁相，$Fe_{76}Ga_6Ge_5B_9Si_4$ 合金在退火温度为 525 ℃时，才开始析出 Fe_2B 硬磁相，这也与 DSC 中结果一致，即加入 Si 元素后，拓宽了 α-Fe 的晶化窗口。

图 3.2（c）为晶格常数 a 随退火温度的变化图。随着退火温度的升高，$Fe_{76}Ga_6Ge_5B_{13}$ 合金的晶格常数 a 逐渐增大，且均大于纯 α-Fe 的晶格常数，这是因为 Ga 和 Ge 元素均能固溶于 α-Fe 中，且原子半径大于 Fe，这同时可以确定 $Fe_{76}Ga_6Ge_5B_{13}$ 合金的析出相为 α-Fe(Ga,Ge)。随着退火温度的升高，合金的晶化体积逐渐增大，固溶于 α-Fe 内的 Ga 和 Ge 元素也逐渐增多，因此 $Fe_{76}Ga_6Ge_5B_{13}$ 合金的晶格常数 a 逐渐增大。$Fe_{76}Ga_6Ge_5B_9Si_4$ 合金的晶格常数 a 基本保持不变，其数值大于纯 α-Fe 的晶格常数，又小于 $Fe_{76}Ga_6Ge_5B_{13}$ 合金的晶格常数。这是因为 Si 也能固溶于 α-Fe 内，而且 Si 的原子半径较小，因此可以确定 $Fe_{76}Ga_6Ge_5B_9Si_4$ 合金的析出相为 α-Fe(Ga,Ge,Si)。随着退火温度的增加，晶化体积分数逐渐增加，固溶于 α-Fe 内的 Ga、Ge、Si 元素均增加，Ga 和 Ge 元素的增加使得晶格常数 a 变大，而 Si 元素的增加又会使晶格常数 a 减小，因此 $Fe_{76}Ga_6Ge_5B_9Si_4$ 合金的晶格常数 a 基本保持不变。

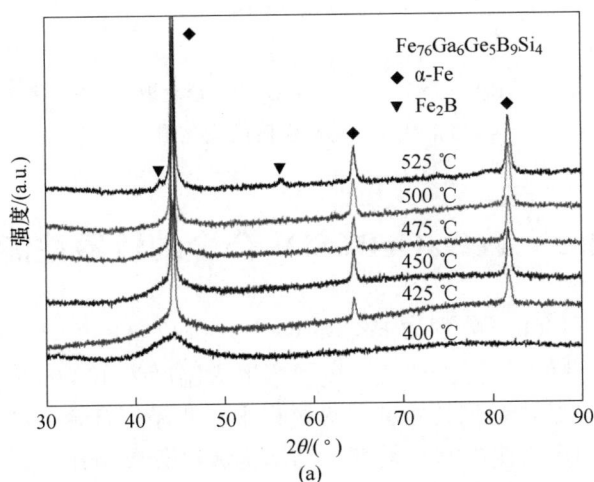

(a)

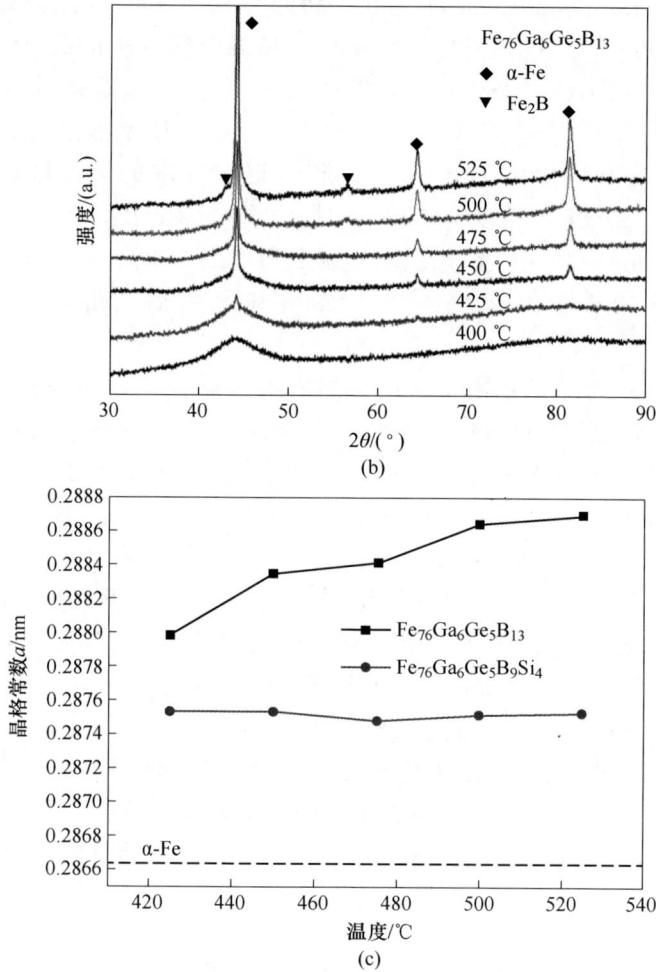

图 3.2　$Fe_{76}Ga_6Ge_5B_9Si_4$（a）和 $Fe_{76}Ga_6Ge_5B_{13}$ 合金退火后的 XRD 图（b）和
晶格常数 a 随退火温度的变化图（c）

3.2　FeGaGeB(Si) 合金的软磁性能

图 3.3（a）和（b）分别为 $Fe_{76}Ga_6Ge_5B_{13}$ 和 $Fe_{76}Ga_6Ge_5B_9Si_4$ 合金的饱和磁感应强度和矫顽力随退火温度的变化图。当退火温度为 400 ℃时，两种合金均处于结构弛豫状态（结构弛豫是指在退火过程中，非晶态合金内部的原子排列随着时间的变化逐渐向更稳定的状态转变。结构弛豫可分成拓扑短程弛豫和化学短程弛豫两大类。发生拓扑短程弛豫时，原子只做短距离的迁移，原子的相对位置发

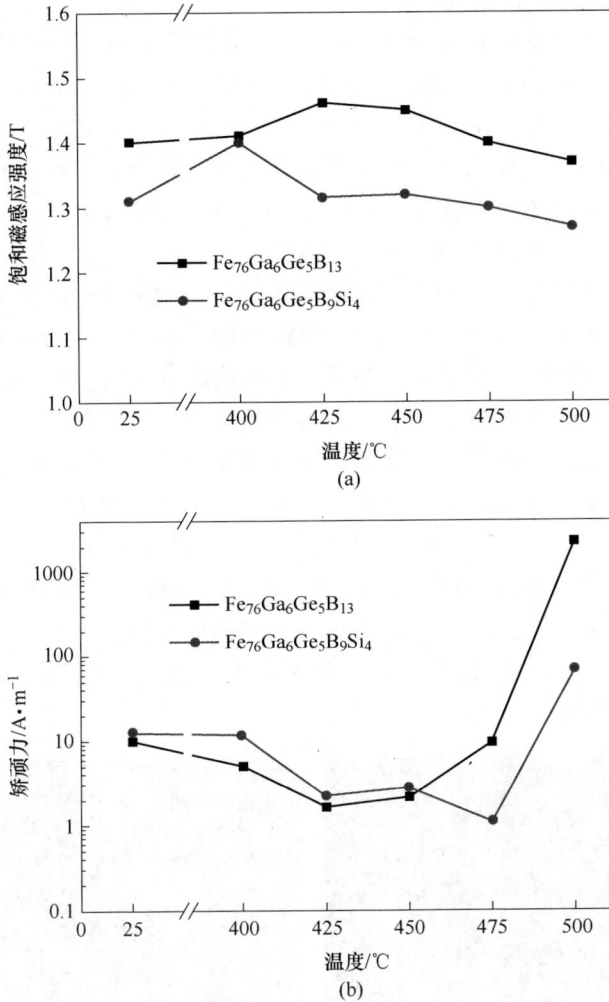

图 3.3 $Fe_{76}Ga_6Ge_5B_{13}$ 和 $Fe_{76}Ga_6Ge_5B_9Si_4$ 合金饱和磁感应强度 (a) 和
矫顽力 (b) 随退火温度的变化图

生微小的变化，使得局域的几何位置发生微小的变化。化学短程弛豫是指原子做较长距离的迁移，使得局域的化学组分或近邻配位数发生了改变，这两类弛豫总是同时发生，相互关联。）这时 Fe 原子间的距离相对更远一些，导致 $Fe_{76}Ga_6Ge_5B_{13}$ 和 $Fe_{76}Ga_6Ge_5B_9Si_4$ 合金的饱和磁感应强度均有轻微的提高。随着退火温度的增加，$Fe_{76}Ga_6Ge_5B_{13}$ 合金的饱和磁感应强度逐渐增加，在退火温度为 425 ℃时，达到最大值 1.47 T，这是由于 α-Fe(Ga，Ge) 相的析出。而 $Fe_{76}Ga_6Ge_5B_9Si_4$ 合金在退火温度为 425 ℃时，饱和磁感应强度随着 α-Fe(Ga，Ge，Si)

相的析出下降至 1.31 T，如图 3.3（a）所示。这表明 Ga、Ge、Si 共同固溶于 α-Fe，Ga 和 Ge 可以增加 Fe 原子的磁矩，而 Si 降低了 Fe 原子的磁矩，且退火温度大于 400 ℃ 后，$Fe_{76}Ga_6Ge_5B_9Si_4$ 合金的饱和磁感应强度均小于 $Fe_{76}Ga_6Ge_5B_{13}$ 合金，也就是说，Si 原子削弱了 Ga 和 Ge 原子对 Fe 原子磁矩增强的作用。同时在淬态合金中，$Fe_{76}Ga_6Ge_5B_9Si_4$ 合金的饱和磁感应强度比较低，这可能是因为淬态合金中，Fe 原子的周围有 Si 原子，Si 降低了 Fe 原子的磁矩，使得 $Fe_{76}Ga_6Ge_5B_9Si_4$ 合金的饱和磁感应强度较低。

对于合金的矫顽力，在退火温度为 400 ℃ 时，两个合金的矫顽力均降低，这是由于内应力的释放。随着退火温度的继续增加，矫顽力继续降低，这是由于析出纳米晶相之间的铁磁耦合作用。矫顽力为结构敏感参数，晶粒尺寸的大小与是否均匀分布都会影响矫顽力的大小，当纳米晶的尺寸达到最小时，矫顽力达到最小值。$Fe_{76}Ga_6Ge_5B_{13}$ 合金的最低矫顽力为 1.6 A/m，$Fe_{76}Ga_6Ge_5B_9Si_4$ 合金的最低矫顽力为 1.1 A/m。当退火温度大于 475 ℃ 时，合金中析出 Fe_2B 硬磁相，矫顽力升高。图 3.4（a）为 $Fe_{76}Ga_6Ge_5B_{13}$ 合金在 450 ℃ 退火后的透射电镜图（TEM），从图中可以看出，$Fe_{76}Ga_6Ge_5B_{13}$ 合金的晶粒尺寸整体较小，由于 $H_c \propto D^6$，因此合金的矫顽力较低。但是从高分辨率透射电镜图（HRTEM）（见图 3.4（b））中可以看出，晶粒出现了连在一起的现象，这会造成晶粒分布不均匀，导致矫顽力的相对升高。

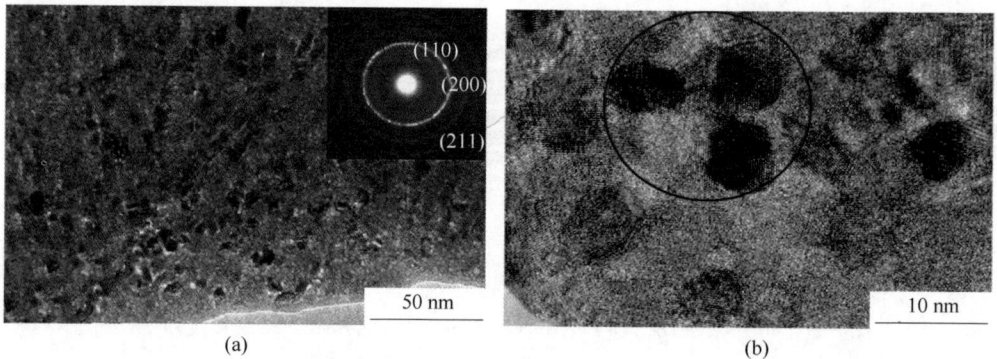

图 3.4　$Fe_{76}Ga_6Ge_5B_{13}$ 合金在 450 ℃ 退火后的 TEM（a）和 HRTEM（b）

图 3.5 为 $Fe_{76}Ga_6Ge_5B_{13}$ 合金在 450 ℃ 退火后、$Fe_{76}Ga_6Ge_5B_9Si_4$ 合金在 475 ℃ 退火后的 XPS 测量结果。图 3.5（a）为全谱分析，在氩离子刻蚀清洗 300 s 前，O 1s 和 C 1s 峰的强度较高，说明合金带材表面氧化严重，在氩离子刻蚀清洗 300 s 之后，O 1s 峰基本消失，因此合金内层基本没有 O 元素的存在。值得注意的是，Ga 元素在带材表面峰的强度高于合金内部，这种 Ga 元素的不均匀分布可能是由于 Ga 原子的聚集形成 FeGa 团簇作为异质形核点导致的[100]。

图 3.5（b）中，在氩离子刻蚀清洗后，在 Fe 2p 的高分辨率峰中没有检测到 Fe^{2+} 和 Fe^{3+}。峰拟合之后，Fe $2p_{3/2}$ 峰至少包括 4 个价态的铁，结合能为 706.7 eV[107] 和 708.9 eV 的峰可能分别对应的是金属铁（零价铁）和氧化铁（FeO_x）；结合能为 707.1 eV 和 707.9 eV 的峰分别对应的是 Fe-Ga/Ge 和 Fe-B/Si，因为 Si、B 的化学性质与 Ga、Ge 元素不同[92,108]。

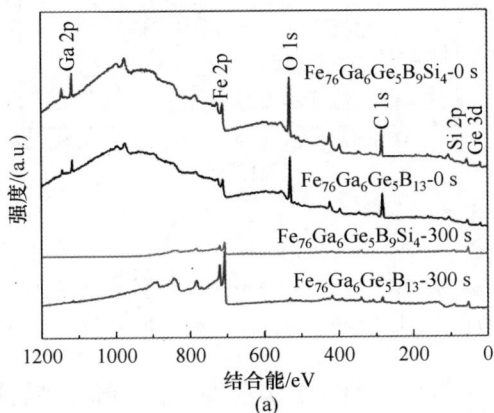

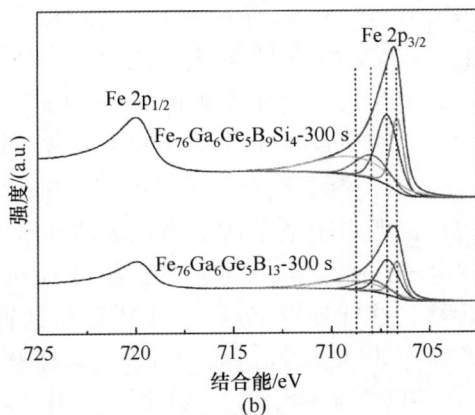

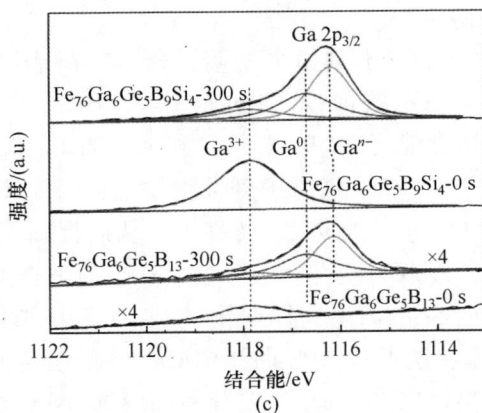

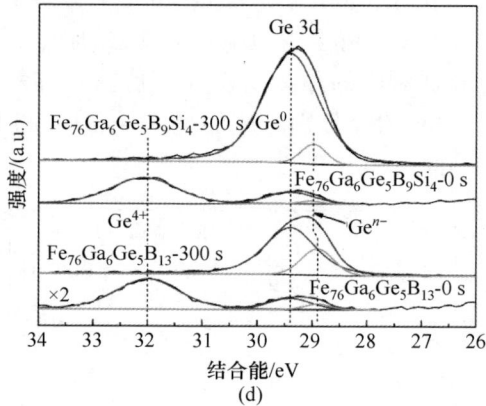

图 3.5　$Fe_{76}Ga_6Ge_5B_{13}$ 和 $Fe_{76}Ga_6Ge_5B_9Si_4$ 合金退火后的 XPS 分析

（a）全谱分析；（b）Fe 的 2p 轨道；（c）Ga 的 2p 轨道；（d）Ge 的 3d 轨道

对于图 3.5（c）中氩离子刻蚀清洗前 Ga 2p 的峰，结合能为 1117.8 eV 的峰表明 $Fe_{76}Ga_6Ge_5B_{13}$ 和 $Fe_{76}Ga_6Ge_5B_9Si_4$ 带材表面有 Ga_2O_3[109]，即 Ga^{3+}。氩离子刻蚀清洗后，结合能为 1117.0 eV 的峰[110]对应 Ga^0，然后将 Ga^{3+} 和 Ga^0 对应的峰固定，对曲线进行拟合可以得到 Ga 的其他价态——Ga^{n-}，在 $Fe_{76}Ga_6Ge_5B_{13}$ 和 $Fe_{76}Ga_6Ge_5B_9Si_4$ 合金中对应的结合能分别为 1116.1 eV 和 1116.2 eV。

在 $Fe_{76}Ga_6Ge_5B_{13}$ 合金中，由于检测到了 Fe^{n+}，且析出相为 α-Fe(Ga,Ge)，那么合金中的 Ga^{n-} 就可以说明自由电子从 Fe 向 Ga 转移了，Fe 原子的 d 轨道首先失去的是自旋向下的电子，由于 Ga 元素的含量相对 Fe 元素来说很低，因此自旋向上的电子可能未转移，这样导致 Fe 原子 d 轨道总自旋向上的电子数增加，从而增加了 Fe 原子的磁矩。但是在 $Fe_{76}Ga_6Ge_5B_9Si_4$ 带材中，Ga^{n-} 的结合能较高，这可能是由于 Si 固溶于 α-Fe(Ga,Ge,Si)，弱化了 Fe 中电子向 Ga 的转移效果，从而降低了 Fe 原子的磁矩。

在图 3.5（d）中，氩离子刻蚀清洗前，合金带材表面 Ge 3d 的峰里结合能为 32.0 eV 和 29.4 eV 的峰分别对应 GeO_2（Ge^{4+}）和 Ge^0[111]，同时，$Fe_{76}Ga_6Ge_5B_{13}$ 合金中结合能为 28.9 eV 的峰和 $Fe_{76}Ga_6Ge_5B_9Si_4$ 合金中结合能为 29.0 eV 的峰表明 Ge^{n-} 的存在。氩离子刻蚀清洗后，合金中只检测到了 Ge^0 和 Ge^{n-}，显然，Fe 中的自由电子也向 Ge 转移了，从而提高了 $Fe_{76}Ga_6Ge_5B_{13}$ 合金 Fe 原子的磁矩。然而，$Fe_{76}Ga_6Ge_5B_9Si_4$ 合金中 Ge^{n-} 的结合能要比 $Fe_{76}Ga_6Ge_5B_{13}$ 合金的高 0.1 eV，表明 Si 的固溶同样弱化了 Fe 原子中自由电子向 Ge 的转移，甚至降低了 Ge^{n-} 的含量，这点从 XPS 曲线中 Ge^{n-} 峰值强度的降低可以看出。这可能是由于 Si 的原子半径比 Ge 的小，更容易固溶到 α-Fe 中，从而降低了 α-Fe

的晶格常数 a，以及阻碍了 Ge 原子向 α-Fe 中固溶。这同时解释了 DSC 曲线中 $Fe_{76}Ga_6Ge_5B_9Si_4$ 合金的 T_{p1} 小于 $Fe_{76}Ga_6Ge_5B_{13}$ 合金的 T_{p1} 这一现象，即 Si 的存在导致 $Fe_{76}Ga_6Ge_5B_9Si_4$ 合金更容易晶化。然而，由于 Si 固溶在 α-Fe 中，自由电子从 Si 向 Fe 转移，使得 Fe 原子中 d 轨道总自旋向上电子数减少，从而降低了 Fe 原子的磁矩[112]。

此外，晶格常数 a 也有一定的影响，如图 3.6 所示[113]，Fe 原子间的交换积分强度 I_{ex} 受 r_{ab}/r_d 的影响，r_{ab} 为相邻 Fe 原子间的距离，r_d 为 Fe 原子 d 轨道电子半径，在纯 α-Fe 中，r_{ab}/r_d 对应的 I_{ex} 小于最佳值，而对于 α-Fe(Ga,Ge)，由于晶格常数 a 的增加，导致 r_{ab}/r_d 的值增加，以至于 I_{ex} 接近最大值，从而提高了 Fe 原子的磁矩。然而，当 Si 固溶到 α-Fe(Ga,Ge,Si) 时，a 相对减小，r_{ab}/r_d 降低弱化了 Fe 原子间的交换积分强度，进一步降低了合金的饱和磁感应强度，这就是 $Fe_{76}Ga_6Ge_5B_{13}$ 合金的饱和磁感应强度高于 $Fe_{76}Ga_6Ge_5B_9Si_4$ 的原因。

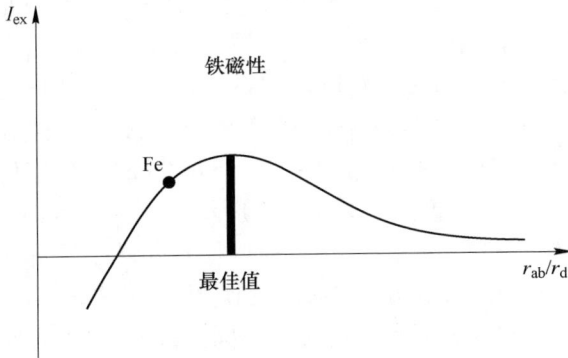

图 3.6　交换积分强度随 r_{ab}/r_d 的变化[113]

3.3　α-Fe(Ga,Ge,Si)固溶体结构与磁性的第一性原理计算

根据之前的实验研究可知，不同种类元素的掺杂对铁基非晶纳米晶软磁合金的饱和磁感应强度影响是不同的，究其原因是对 Fe 原子磁矩的影响不同。由于 Fe 的磁性来源主要是未满壳层的电子自旋[115]，即 3d 层电子总的自旋磁矩，而掺杂元素与 Fe 原子形成固溶体或化合物后，各元素之间的相互作用势必会影响 Fe 的核外电子排布，导致 3d 层电子总自旋磁矩的变化以及 Fe 原子磁矩的升高或降低。因此，为了快速高效地研究元素掺杂对合金饱和磁感应强度的影响，本节利用第一性原理计算 α-Fe(Ga,Ge,Si) 固溶体的结构与磁性，模拟掺杂元素对 Fe

原子磁矩的影响，根据 Fe 和掺杂元素之间的电子转移效应，验证通过第一性原理定性掺杂元素对 Fe 原子磁矩影响的普适性，并与实验结果对比，辅助建立各元素之间的电子转移模型，实现合金元素对 Fe 原子磁矩影响定性分析的便捷化，以此为指导合理调控掺杂元素的类型和含量，开发出兼顾软磁性能和高饱和磁感应强度的新型铁基非晶纳米晶软磁合金，并为开发满足不同需求的非晶纳米晶软磁合金提供有效工具。

3.3.1　模型与计算方法

本书采用基于密度泛函理论的赝势平面波法来计算体系中的能量[116]，运用广义梯度近似进行交换势能的处理[117]，其中交换关联函数为 Perdew-Burke-Ernzerhof（PBE）[118]。采用 Broyden-Fletcher-Goldfarb-Shanno（BFGS）算法进行结构优化[119]，其中，几何结构收敛值设置为：每原子能量收敛值为 1×10^{-5} eV，最大力值 0.3 eV/nm，最大应力 0.05 GPa。布里渊区积分的 k 值采用收敛性良好的 4×4×4，以用于几何优化和态密度计算[120]，最佳平面波截止能量为 300 eV，勾选自旋极化来量化磁矩。在自旋极化体系中，α 电子和 β 电子占据不同的能态，运用不同的空间波函数计算它们的态密度 $N(E)\uparrow$ 和 $N(E)\downarrow$，其差值 $N(E)\uparrow - N(E)\downarrow$ 为自旋态密度。此外，基于 α-Fe 的初始结构模型，将其扩展为超晶胞（2×2×2）的结构模型，如图 3.7 所示。对于元素掺杂对自旋态密度和 Fe 原子磁矩的影响，首先计算 Ga、Ge、Si 单一元素置换超晶胞中不同位置 Fe 原子后的自旋态密度和 Fe 原子磁矩，然后分别计算 Ga、Si 和 Ge、Si 两种元素同时置换，以及 Ga、Ge、Si 3 种元素共同置换不同位置 Fe 原子后的自旋态密度和 Fe 原子磁矩，逐步与前文中 α-Fe(Ga,Ge,Si) 结构相匹配，以此来研究元素掺杂对 α-Fe(Ga,Ge,Si) 固溶体结构与磁性的第一性原理计算的可行性。

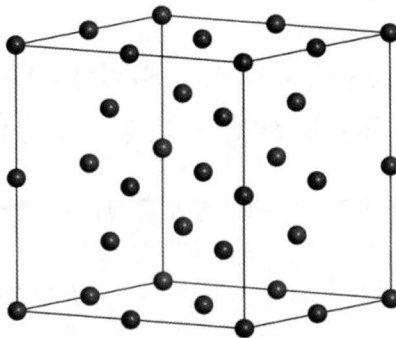

图 3.7　超晶胞（2×2×2）α-Fe 的结构模型

3.3.2 α-Fe 的结构与性能

Fe 元素属于过渡族金属，对于 bcc 结构的 Fe，其稳定态具有铁磁性，原子磁矩为 $2.22\mu_B$（μ_B 为玻尔磁子，是与电子磁矩有关的基本单位）[121]。图 3.8 为 α-Fe 超晶胞能带结构图、α 电子和 β 电子态密度图和自旋态密度图。从图 3.8（a）可以看出，能带结构图中的费米面附近没有能隙，表现出典型的金属型特性，图 3.8（b）中与之对应的 α 电子上自旋与 β 电子下自旋的态密度图显示，次能带能级的相对位移导致主副能级有很大的劈裂[122]，表明 α-Fe 超晶胞具有很好的铁磁性。图 3.8（c）所示为通过 $\langle N(E)\uparrow\rangle - \langle N(E)\downarrow\rangle$ 计算所得的自旋态密度，从图中可以看出，费米面以下态密度所包围的面积一定程度上反映系统磁性的强弱，而计算结果中的 Fe 原子磁矩为 $2.21\mu_B$，与理论值接近。因此，以该体系为基础，继续研究 Ga、Ge、Si 原子替换超晶胞中不同位置和数量的 Fe 原子后电子态密度和 Fe 原子磁矩的变化规律。

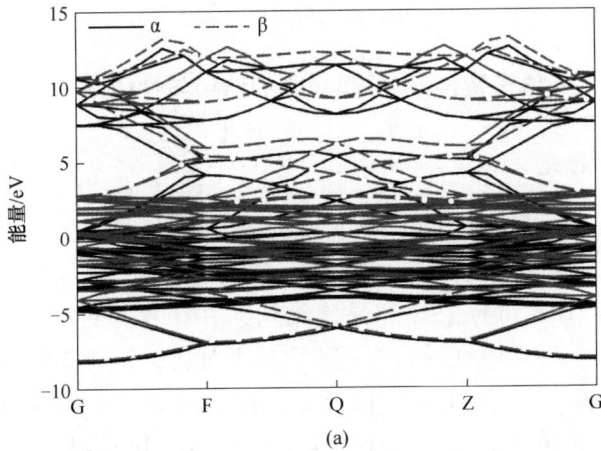

(a)

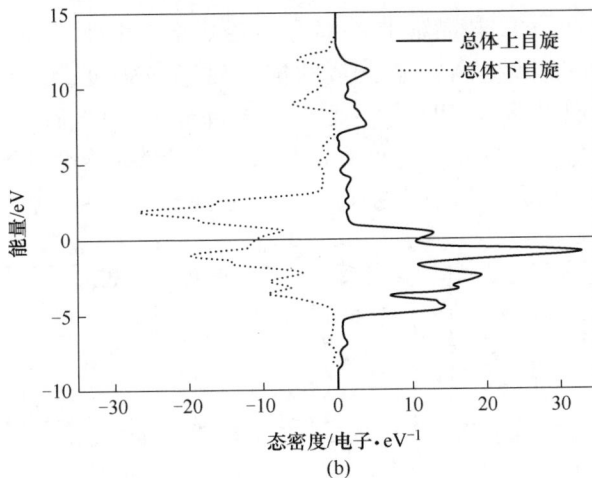

(b)

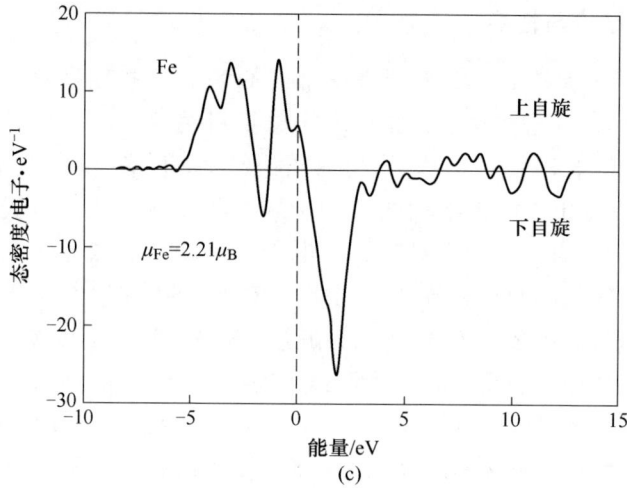

图 3.8 α-Fe 超晶胞能带结构图（a），α 电子和 β 电子态密度图（b）
和自旋态密度图（c）

3.3.3 Ga、Ge、Si 原子置换 α-Fe 超晶胞的结构与性能

3.3.3.1 一种元素掺杂

由于 Ga、Ge、Si 原子均可以溶于 α-Fe 形成 α-Fe（Ga/Ge/Si）固溶体，且文中 Fe 元素与 Ga 元素或者 Ge 元素的含量比大约为 7∶1。因此，综合考虑，构建了 $Fe_{14}Ga_2$、$Fe_{14}Ge_2$ 和 $Fe_{14}Si_2$ 超晶胞结构，并计算其对应的 Fe 原子的磁矩。另外由于 Fe_3Si 为 bcc 的 DO_3 结构，为了方便对比，以掺杂原子替换 bcc 结构 α-Fe 单胞体心位置[123]。图 3.9 为 $Fe_{14}Ga_2$、$Fe_{14}Ge_2$ 和 $Fe_{14}Si_2$ 超晶胞结构及其相对应的 Fe 原子的磁矩（μ_{Fe}）。从图中可以看出，Ga 和 Ge 替换不同位置的 Fe 原子后，$Fe_{14}Ga_2$ 和 $Fe_{14}Ge_2$ 超晶胞中 Fe 原子的磁矩均大于纯 α-Fe 的 $2.21\mu_B$，表明 Ga 和 Ge 的掺杂可有效提高铁基合金的饱和磁感应强度，这与我们之前的研究[96,101]和其他类似报道[92]相吻合。而 Si 置换部分 Fe 原子后，$Fe_{14}Si_2$ 超晶胞中 Fe 原子的磁矩不大于 $2.21\mu_B$，表明 Si 的掺杂降低了铁基合金的饱和磁感应强度。

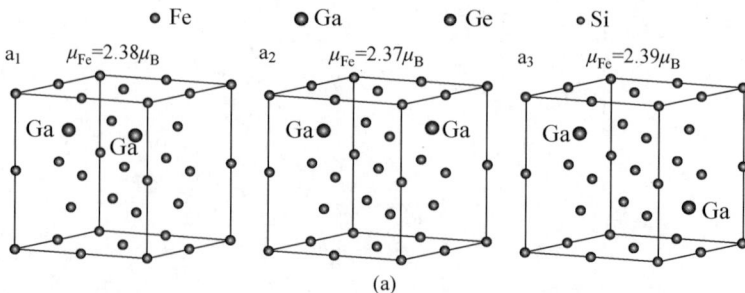

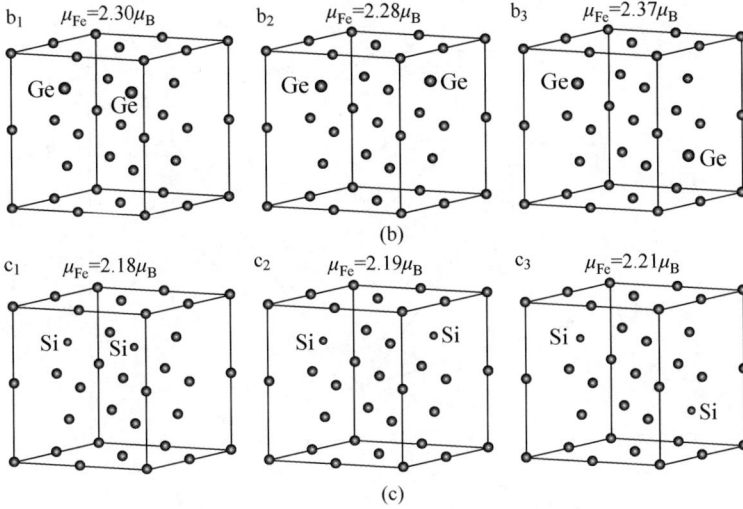

图 3.9 Ga、Ge 和 Si 原子置换不同单胞体心位置 Fe 原子的
超晶胞结构及对应的 Fe 原子的磁矩
（a）$Fe_{14}Ga_2$；（b）$Fe_{14}Ge_2$；（c）$Fe_{14}Si_2$

图 3.10 为与图 3.9 对应的不同位置的 Fe 被置换后的 $Fe_{14}Ga_2$、$Fe_{14}Ge_2$ 和
$Fe_{14}Si_2$ 超晶胞体系结构稳定时的能量。从图中可以看出，Ga、Ge 和 Si 原子置换
不同单胞体心位置 Fe 原子后，$Fe_{14}Ga_2$、$Fe_{14}Ge_2$ 和 $Fe_{14}Si_2$ 3 种超晶胞结构的稳定
能量差别不大，均在 1 eV 以内，且均以第 2 种超晶胞结构（a_2、b_2、c_2）的稳定
能量最低，分别为 -16220.14 eV、-12329.53 eV 和 -12331.00 eV，其中 $Fe_{14}Ga_2$
的能量最低，$Fe_{14}Ge_2$ 的最高，说明 Ga 置换 Fe 原子后体系最稳定。而 $Fe_{14}Ga_2$ 和

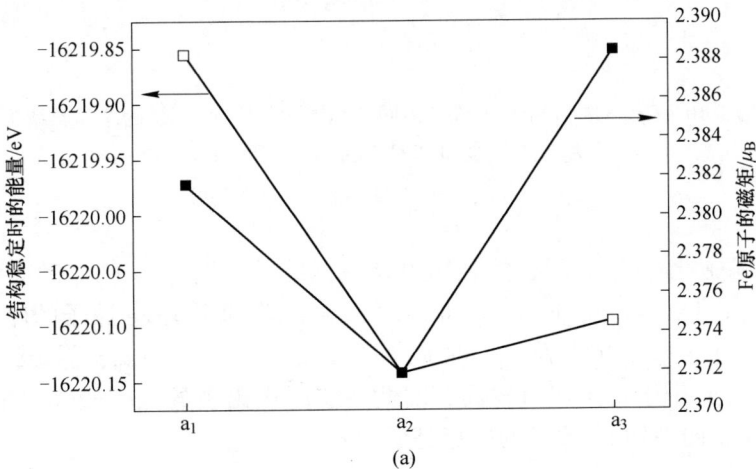

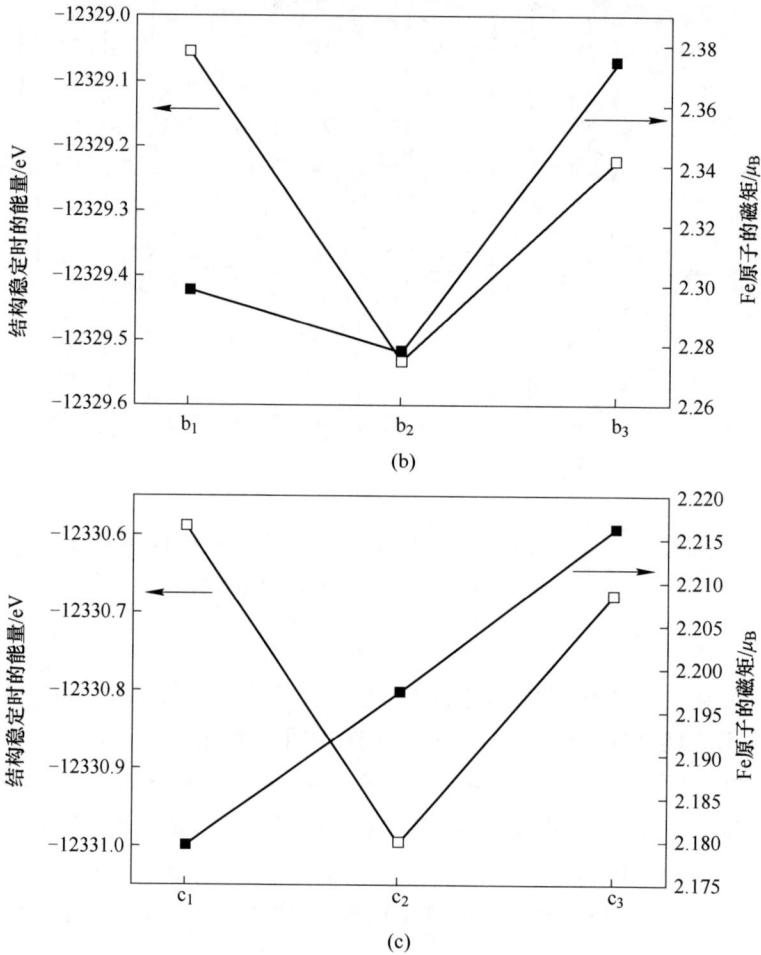

图 3.10　Ga、Ge 和 Si 原子置换不同单胞体心位置 Fe 原子的超晶胞结构
稳定时的能量和对应的 Fe 原子的磁矩

(a) $Fe_{14}Ga_2$；(b) $Fe_{14}Ge_2$；(c) $Fe_{14}Si_2$

$Fe_{14}Ge_2$ 超晶胞此时的 Fe 原子的磁矩也是最低的，分别为 $2.37\mu_B$ 和 $2.28\mu_B$，但仍然高于纯 α-Fe，可见，$Fe_{14}Ga_2$ 和 $Fe_{14}Ge_2$ 超晶胞的平均 Fe 原子的磁矩是高于 α-Fe 的。对于 $Fe_{14}Si_2$ 超晶胞，此时 Fe 原子的磁矩仅为 $2.19\mu_B$，低于纯 α-Fe，c_3（$\mu_{Fe} = 2.21\mu_B$）由于稳定能量较高，因此在实际中出现的频率较小，由此可见，$Fe_{14}Si_2$ 超晶胞的平均 Fe 原子的磁矩是低于 α-Fe 的。

3.3.3.2 两种元素掺杂

分别计算了 $Fe_{14}Ga_1Si_1$ 和 $Fe_{14}Ge_1Si_1$ 超晶胞中 Fe 原子的磁矩和自旋态密度，其中，Ga、Si 和 Ge、Si 置换 Fe 原子的位置均为 bcc 结构 α-Fe 单胞体心位置，3 种超晶胞结构和计算所得 Fe 原子磁矩（μ_{Fe}）如图 3.11 所示。从图中可以看出，$Fe_{14}Ga_1Si_1$ 和 $Fe_{14}Ge_1Si_1$ 超晶胞的 μ_{Fe} 均高于纯 α-Fe，前面已得出 Ga、Ge 可提高 μ_{Fe}，Si 则降低 μ_{Fe}，Ga、Si 和 Ge、Si 的同时掺杂仍然起到提高 μ_{Fe} 的效果。进一步地，通过对比同一结构下（如图 3.9 和图 3.11 所示）$Fe_{14}Ga_2$、$Fe_{14}Si_2$、$Fe_{14}Ga_1Si_1$ 和 $Fe_{14}Ge_2$、$Fe_{14}Si_2$、$Fe_{14}Ge_1Si_1$ 超晶胞的 μ_{Fe} 可以看出，$Fe_{14}Ga_2$ 和 $Fe_{14}Ge_2$ 的 μ_{Fe} 高于 $Fe_{14}Si_2$，而 $Fe_{14}Ga_1Si_1$ 和 $Fe_{14}Ge_1Si_1$ 超晶胞的 μ_{Fe} 大小则介于两者之间。可见，在 Ga、Si 和 Ge、Si 两种元素同时置换超晶胞中 Fe 原子时，Ga、Ge 对 μ_{Fe} 的增强作用和 Si 对 μ_{Fe} 的削弱作用是同时存在的。

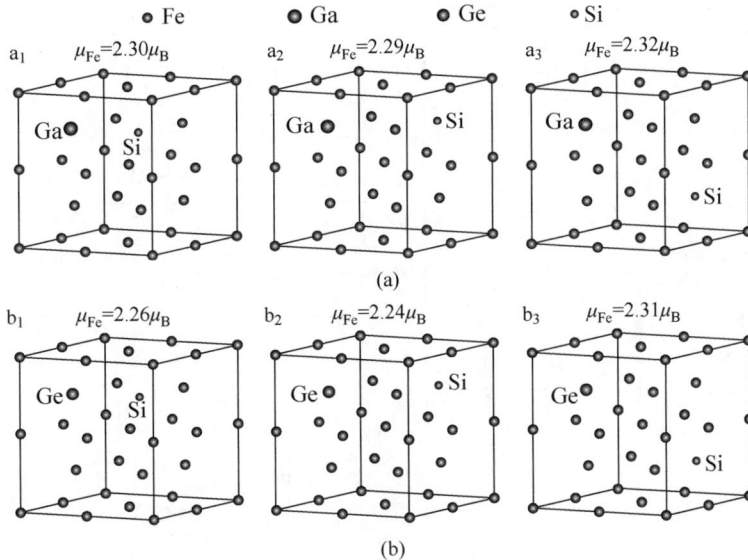

图 3.11 Ga、Si（a）和 Ge、Si（b）置换不同单胞体心位置 Fe 原子的超晶胞结构和对应的 Fe 原子的磁矩

为了进一步探明不同成分下 Fe 原子磁矩的变化原因，图 3.12 给出了第 2 种结构（能量最低）下不同超晶胞的 μ_{Fe} 和对应的自旋态密度。从图 3.12（a）~（c）可以看出，总的自旋态密度分为自旋向上和自旋向下，费米面（E_F）以下自旋向上电子占主导地位，仅有少量自旋向下电子，导致总的自旋向上电子数量较多，这就充分说明了超晶胞的铁磁性。而在能量为 -2 eV 附近，图 3.12（a）

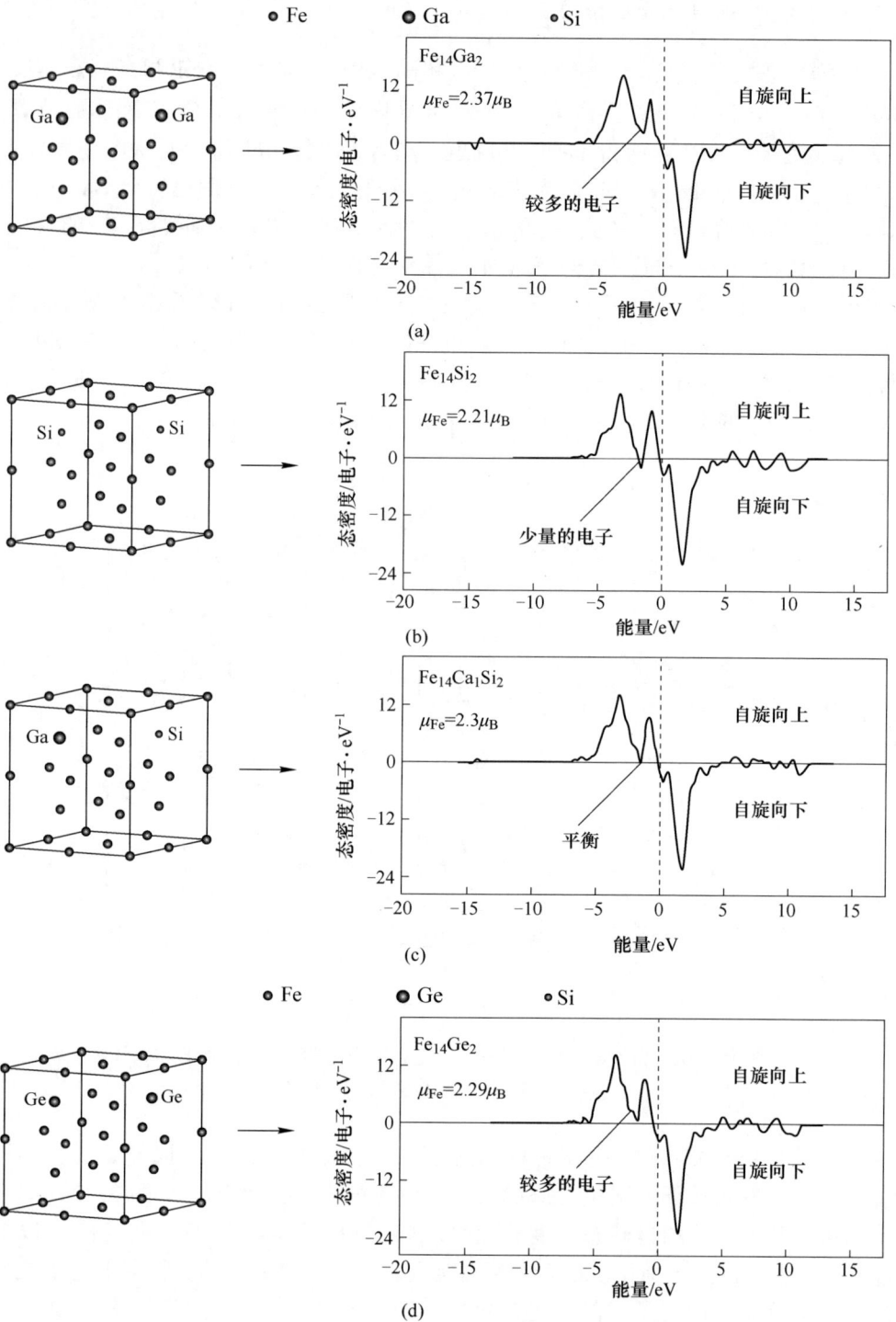

(a)

(b)

(c)

(d)

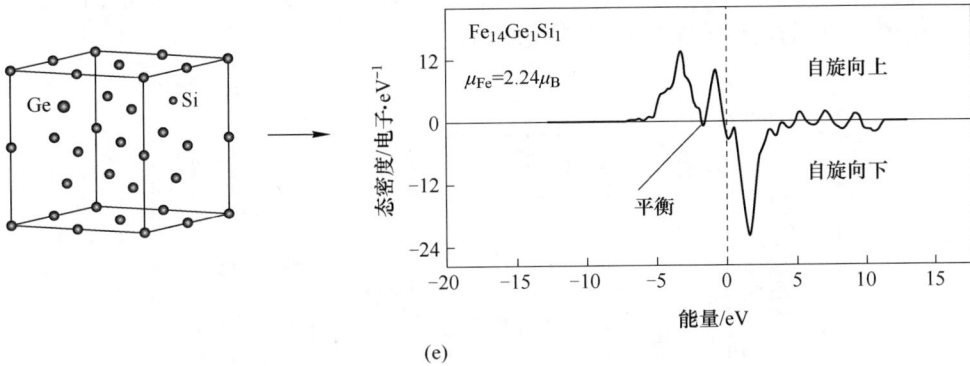

图 3.12 第 2 种结构下不同超晶胞的 μ_{Fe} 和对应的自旋态密度

(a) $Fe_{14}Ga_2$；(b) $Fe_{14}Si_2$；(c) $Fe_{14}Ga_1Si_1$；

(d) $Fe_{14}Ge_2$；(e) $Fe_{14}Ge_1Si_1$

中 $Fe_{14}Ga_2$ 超晶胞中总的自旋向上电子数最高，图 3.12（b）中 $Fe_{14}Si_2$ 超晶胞中总的自旋向上的电子数最低，图 3.12（c）中 $Fe_{14}Ga_1Si_1$ 则处于平衡位置，即自旋向上电子数量介于前两者之间，这就验证了 3.2 节中的理论结果，即自由电子从 Fe 向 Ga 中转移，导致 $Fe_{14}Ga_2$ 超晶胞或 α-Fe(Ga) 中 Fe 原子 d 轨道空位增加，且总的自旋向上电子数增加，从而提高了 Fe 原子的磁矩，使得 $\mu_{Fe}>2.21\mu_B$，如图 3.13（a）所示。体系的磁化强度可根据公式 $M(T) = N\mu_B(\langle N(E)\uparrow\rangle - \langle N(E)\downarrow\rangle)$ [123] 求得，其中 T 为温度，N 为电子数，μ_B 为玻尔磁子，式中的 $\langle N(E)\uparrow\rangle$ 表示自旋向上电子数增加，$\langle N(E)\downarrow\rangle$ 表示自旋向下的电子数不变，因此，合金的 M_s 增大。$Fe_{14}Si_2$ 超晶胞或 α-Fe(Si) 中则为 Si 原子中的自由电子向 Fe 中转移，导致 d 轨道空位减少，而总的自旋向上电子数也减少，从而降低了 Fe 原子的磁矩，使得 $\mu_{Fe}<2.21\mu_B$，如图 3.13（b）所示。对于 $Fe_{14}Ga_1Si_1$ 超晶胞或 α-Fe(Ga,Si)，由于 Ga 和 Si 的作用同时存在，即 Fe 原子中的自由电子向 Ga 原子转移，而 Si 向 Fe 转移，这就导致了图 3.12（c）中的情况。

从结果上看，$Fe_{14}Ga_1Si_1$ 超晶胞的 μ_{Fe} 仍高于 $2.21\mu_B$，但在实际情况中 Ga 和 Si 同时掺杂后，α-Fe(Ga,Si) 析出并不是均匀的 $Fe_{14}Ga_1Si_1$ 超晶胞，因此富 Si 区域的 μ_{Fe} 仍是低于 $2.21\mu_B$ 的，如同 $Fe_{14}Si_2$ 超晶胞，所以实际的 Fe 原子的磁矩可能会低于理论值，但可以肯定的是其值必定小于单独 Ga 掺杂，即小于 $Fe_{14}Ga_2$ 超晶胞的 μ_{Fe}。对于图 3.12（d）和（e）中的 $Fe_{14}Ge_2$、$Fe_{14}Ge_1Si_1$ 超晶胞，可以得出与 Ga、Si 掺杂同样的结果，即单独 Ge 掺杂使得自旋向上电子态密度增加，可以提高 μ_{Fe}，单独 Si 掺杂使得自旋向上电子态密度减少，降低 μ_{Fe}，Ge 和 Si 的共同掺杂导致自旋向上电子态密度处于前面两者的平均位置，虽然 μ_{Fe} 仍高于

$2.21\mu_B$，但由于实际情况中原子排布不均匀，所以实际 Fe 原子的磁矩仍然会低于理论值，且同样低于 $Fe_{14}Ge_2$ 超晶胞的 μ_{Fe}。

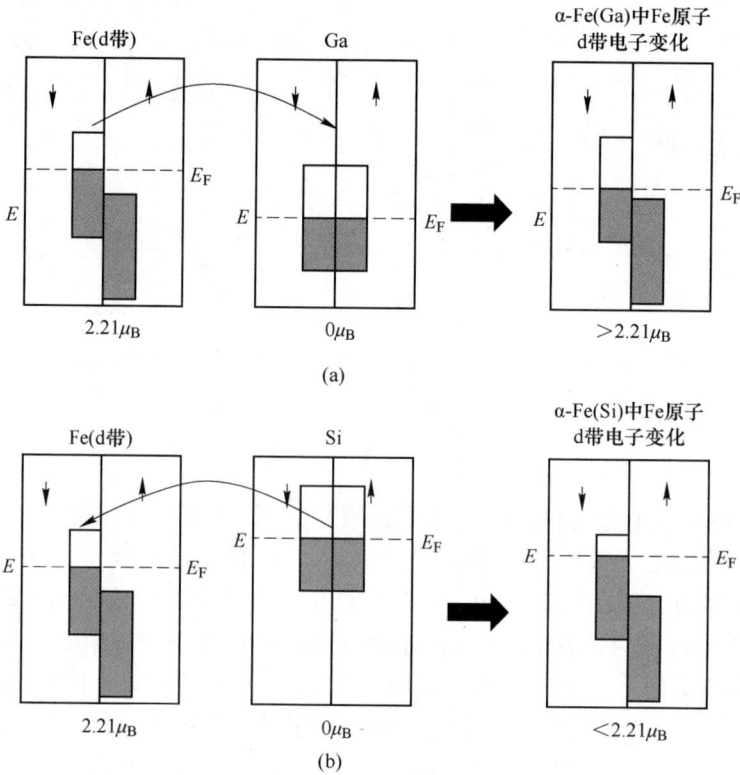

图 3.13　$Fe_{14}Ga_2$（a）和 $Fe_{14}Si_2$（b）超晶格中 Fe 原子 d 带电子变化

3.3.3.3　3 种元素掺杂

从前文中可以看出，Ga 和 Ge 对 Fe 原子磁矩的提高作用是毋庸置疑的，图 3.14 计算了 Ga 和 Ge 置换超晶胞中 Fe 原子后的 μ_{Fe}。可以看出，$Fe_{14}Ga_1Ge_1$ 超晶胞的 μ_{Fe} 与 $Fe_{14}Ga_2$ 的接近，且均大于 $2.21\mu_B$。可见，单独掺杂 Ga 和同时掺杂 Ga、Ge 起到提升 μ_{Fe} 的效果接近。然而在实际应用中，非晶形成能力是一个必须考虑的要素，其中 Fe 与 Ga 的混合熔为 -2 kJ/mol，而 Fe 与 Ge 的混合熔为 -15.5 kJ/mol，可见 Ge 的添加可有效提高合金的非晶形成能力，且根据混乱原则[16]，元素种类越多，非晶形成能力越高，Ga、Ge 同时掺杂会进一步提高合金的非晶形成能力，因此，本章实验部分以 $Fe_{76}Ga_6Ge_5B_{13}$ 成分为基础合金，研究了 Si 掺杂对合金非晶形成能力和软磁性能的影响，其模拟计算结果如图 3.14 所示。

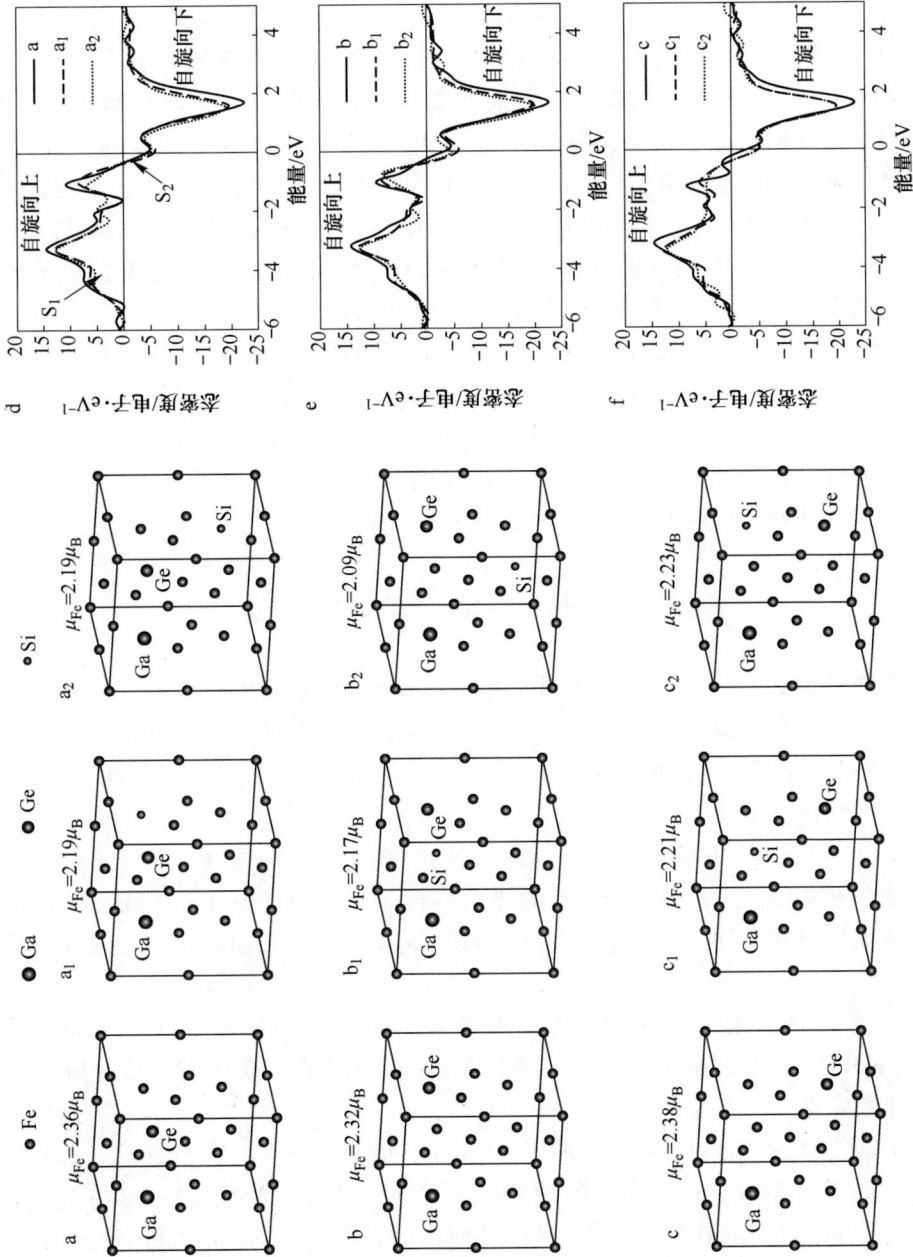

图3.14　Fe₁₄Ga₁Ge₁及其超晶格结构和对应的自旋态密度

在图 3.14（a、b、c）3 种结构的基础上掺杂 Si 后超晶胞结构如图 3.14（a_1、a_2、b_1、b_2、c_1、c_2）所示。从图中可以看出，一旦有 Si 掺杂后，超晶胞的 μ_{Fe} 快速下降，多数出现小于 2.21μ_B 的情况，这与前文中 Si 掺杂后 $Fe_{76}Ge_5Ga_6B_9Si_4$ 合金 B_s 降低的结果一致。可见，Si 掺杂后同样发挥了自由电子向 Fe 转移的作用，如图 3.14（d、e、f）中的自旋电子态密度所示。对于图 3.14 中的（a、a_1、a_2），掺杂 Si 之前，费米面处的自旋向下电子密度较少，费米面以下自旋向上电子较多，这就导致（$\langle N(E)\uparrow\rangle - \langle N(E)\downarrow\rangle$）的值较大，从而提高了 Fe 原子的磁矩；当有 Si 掺杂时，费米面处自旋向下的电子密度增加，费米面以下自旋向上电子减少，使得（$\langle N(E)\uparrow\rangle - \langle N(E)\downarrow\rangle$）降低、Fe 原子的磁矩降低，图 3.14（d、e、f）中其他超晶胞的自旋态密度也有同样的结果，这与前文中 XPS 的结果一致，即自由电子从 Ga、Ge 中向 Fe 原子转移，增加了总的自旋向上电子数以及 Fe 原子磁矩；而一旦掺杂 Si 之后，Si 的自由电子将向 Fe 中转移，从而降低总的自旋向上电子数以及 Fe 原子磁矩。可见，利用第一性原理计算 Fe-Ga-Ge-Si 系统中 Fe 原子磁矩是可行的。对于其他铁基合金，可进一步研究计算，以建立 α-Fe(M)（其中 M 表示合金元素）中 Fe 原子磁矩的数据库，并指导开发新的铁基合金以满足不同的应用要求。

3.4　本章小结

本章通过对比 $Fe_{76}Ga_6Ge_5B_{13}$ 和 $Fe_{76}Ga_6Ge_5B_9Si_4$ 非晶纳米晶合金，研究了 Si 元素对合金组织和软磁性能的影响，并通过第一性原理模拟计算了 Ga、Ge 和 Si 元素的掺杂对 Fe 原子磁矩的影响，初步探索了纳米晶相中 Fe 与各元素间的电子转移效应。结论如下：

（1）由于自由电子从 Fe 向 Ga 和 Ge 的转移，$Fe_{76}Ga_6Ge_5B_{13}$ 合金的饱和磁感应强度值最大为 1.47 T。但是 Si 的掺杂会抑制自由电子从 Fe 向 Ga 和 Ge 的转移，从而使得在相同的热处理条件下，$Fe_{76}Ga_6Ge_5B_9Si_4$ 的饱和磁感应强度仅为 1.31 T。

（2）与 Ge 元素相比，Si 元素更易固溶于 α-Fe 中，而且 Si 的加入，减小了 $Fe_{76}Ga_6Ge_5B_9Si_4$ 合金的晶格常数 a，减弱了 Fe 原子间的交换作用强度，降低了合金的热稳定性。

（3）通过 CASTEP 计算得到的 $Fe_{14}Ga_1Ge_1$ 超晶胞的 Fe 原子磁矩（2.32～2.38μ_B）高于 $Fe_{13}Ga_1Ge_1Si_1$ 超晶胞的 Fe 原子磁矩（2.09～2.23μ_B），这与实验结果一致，即 $Fe_{76}Ga_6Ge_5B_{13}$ 合金的饱和磁感应强度高于 $Fe_{76}Ga_6Ge_5B_9Si_4$ 合金。

4 Ga/Ge 含量对 FeGaGeBCu 合金的
热力学性能、微观结构和软磁性能的影响

前一章的工作进行了 FeGaGeB 非晶合金的研究，由于存在晶粒的粘连，一定程度上影响了纳米晶之间的铁磁交换耦合作用。在此基础上，本章加入了 Cu 元素作为形核点，促进非晶合金在退火过程中纳米晶的形核，期望通过该方法改善合金的组织结构和软磁性能。在铁基体系中，很多研究者加入了 Cu 元素，1988 年，Yoshizawa 等[30]在 FeSiB 合金中添加少量 Cu 和 Nb，开发出了 Finetmet（$Fe_{73.5}Si_{13.5}B_9Nb_3Cu_1$）非晶合金。1999 年，Hono 等通过 3DAP 和 HREM 研究表明[64]，在 Finemet 合金中，Cu 团簇发生在晶化的早期阶段，且与 α-Fe 紧密相连，它为 α-Fe 的形核提供了异质形核点，促进了晶粒细化，形成了致密细小的纳米晶。2011 年，Gao 等[126]通过添加微量的 Cu 元素，提高了 $Fe_{76-x}C_7Si_{3.3}B_5P_{8.7}Cu_x$ 合金的非晶形成能力和饱和磁感应强度，当 Cu 含量为 0.7% 时，非晶合金的饱和磁感应强度达到最大值 1.61 T。基于以上研究，本章在 FeGaGeB 合金的基础上加入了原子分数为 1% 的 Cu 元素，通过单辊旋淬法制备了 $Fe_{76}Ga_xGe_yB_{13}Cu_1$（$x/y$=1:9，3:7，5:5，7:3，9:1）非晶合金，并进行了真空退火处理，分析了 Ga、Ge 比对合金的软磁性能的影响，最后选取了综合性能较好的合金进行了晶化动力学分析。

4.1 Ga/Ge 含量对 FeGaGeBCu 合金非晶形成能力
和热稳定性的影响

图 4.1 为淬态 $Fe_{76}Ga_xGe_yB_{13}Cu_1$（$x/y$=1:9，3:7，5:5，7:3，9:1）合金的 XRD 图谱，检测面均为合金带材的自由面（单辊旋淬法制备的非晶带材分为自由面和铜辊面，铜辊面为与铜辊接触的面，自由面为不与铜辊接触的面，铜辊面的冷却速度更高，因此常常检测自由面，以确保带材为完全非晶结构）。从图中可以看出，当 x/y=1:9，3:7，5:5，7:3 时，XRD 曲线均显示出漫散射峰；当 x/y=9:1 时，XRD 曲线为尖峰，这表明淬态 $Fe_{76}Ga_xGe_yB_{13}Cu_1$（$x/y$=1:9，3:7，5:5，7:3）合金均为非晶结构，而 $Fe_{76}Ga_9Ge_1B_{13}Cu_1$ 合金已部分晶化。这说明当 x/y=9:1 时，合金的非晶形成能力下降，同时，本团队在单辊旋淬实验中所制备的 $Fe_{76}Ga_9Ge_1B_{13}Cu_1$ 合金带材不成型，因此在后续讨论过程

中，不再讨论 $x/y = 9 : 1$ 的合金。

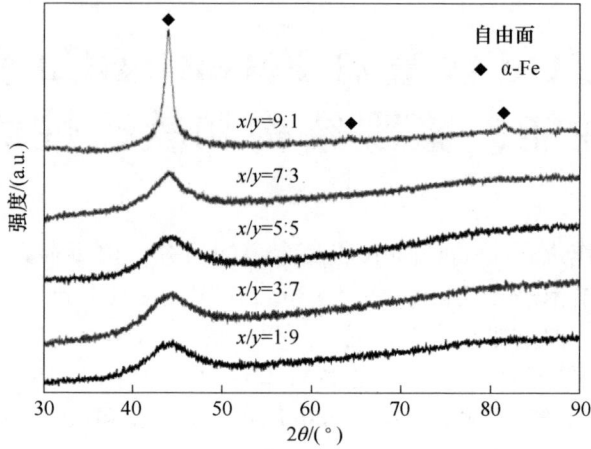

图 4.1　淬态 $Fe_{76}Ga_xGe_yB_{13}Cu_1$（$x/y$ = 1 : 9，3 : 7，5 : 5，7 : 3，9 : 1）合金的 XRD 图谱

当 Ga 的原子分数较高为 9%，Ge 的原子分数较低为 1% 时，合金的非晶形成能力较差，这是因为相对 Ga 来说，Ge 和其他元素之间具有较大的负混合焓[127]。如图 4.2 所示，Ge 和其他元素之间的混合焓均为负值，且负值较大，而 Ga 和其他元素之间的混合焓中有正值，根据 Inoue 等提出的"井上三原则"[21] 之一，合金体系的组元负混合焓越大，越有利于形成非晶，混合焓为负时，合金凝固过程中需要外部的能量越小，所需的临近冷却速度也较低，更容易形成非晶。

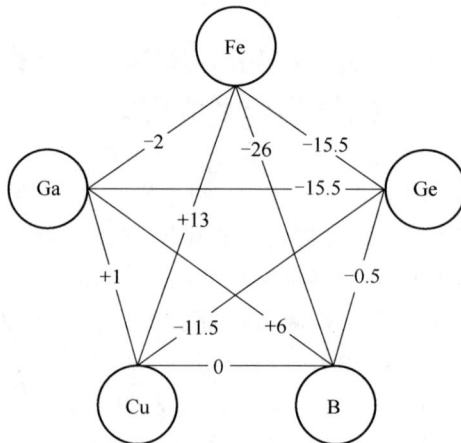

图 4.2　FeGaGeBCu 合金体系元素之间的混合焓示意图（单位：kJ/mol）

图 4.3 为淬态 $Fe_{76}Ga_xGe_yB_{13}Cu_1$（$x/y=1:9$，$3:7$，$5:5$，$7:3$）合金的 DSC 图。从图中可以看出，所有的 DSC 曲线均有两个放热峰，第一个放热峰为 α-Fe 的析出，第二个放热峰为 FeB 相的析出。随着 Ga 和 Ge 比的逐渐增大（$x/y=5:5$ 除外），第一个晶化峰的起始晶化温度 T_{x1} 逐渐降低，根据先前的研究[105]，Ga 与 Fe 可形成 Fe-Ga 团簇，从而促进形核，当 Ga 的含量增大时，合金的形核率增大，使得晶化温度降低。而当 $x/y=5:5$ 时，T_{x1} 与其他相比是升高的，这说明当 Ga 和 Ge 的含量相同时，有利于淬态合金的稳定性。随着 Ga 和 Ge 比的逐渐增大，第二个晶化峰的起始晶化温度 T_{x2} 基本不变，这是因为 Ga 和 Ge 大部分会和 α-Fe 形成固溶体，在第一个晶化峰中析出，因此 Ga 和 Ge 含量比例的变化，不会对第二个晶化峰造成影响。

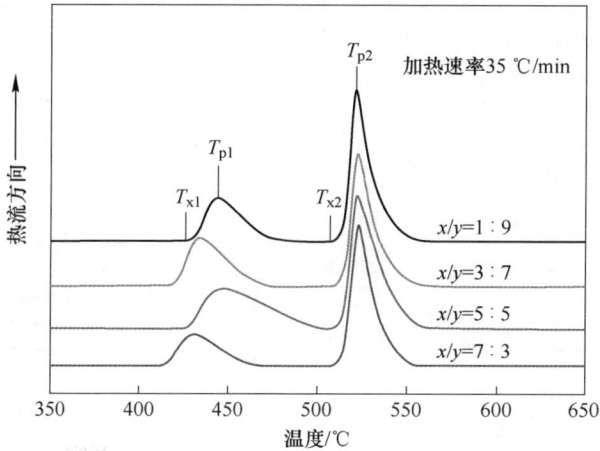

图 4.3　淬态 $Fe_{76}Ga_xGe_yB_{13}Cu_1$（$x/y=1:9$，$3:7$，$5:5$，$7:3$）合金的 DSC 图

4.2　Ga/Ge 含量对 FeGaGeBCu 合金组织结构的影响

在真空氛围下，对淬态 $Fe_{76}Ga_xGe_yB_{13}Cu_1$（$x/y=1:9$，$3:7$，$5:5$，$7:3$）合金在 350~500 ℃温度区间内进行退火处理，升温速率为 100 ℃/min，保温时间为 1 min。图 4.4（a）为 $x/y=1:9$ 时合金退火后的 XRD 图。从图中可以看出，当退火温度为 375 ℃时，合金的 XRD 曲线在 $2\theta=44°$ 左右的漫散射峰上出现尖峰，同时 $2\theta=65°$ 和 $2\theta=82°$ 左右未出现尖峰，这是因为退火温度较低时，合金处于结构弛豫状态，这表明 Fe 原子最近邻配位数发生了变化，Fe 原子聚集，开始形成 α-Fe 相。当退火温度大于 400 ℃时，合金开始晶化析出 α-Fe 相，同时 $2\theta=65°$ 和 $2\theta=82°$ 左右出现尖峰。当退火温度升至 450 ℃时，合金析出硬磁相

Fe_2B。图 4.4 (b) 为 x/y = 3 : 7 的合金退火后的 XRD 图，其退火后的结构组织变化趋势与 x/y = 1 : 9 合金一致。图 4.4 (c) 为 x/y = 5 : 5 合金退火后的 XRD 图，当退火温度达到 425 ℃时，合金才出现结构弛豫现象，退火温度为 475 ℃时合金才开始晶化。当退火温度到达 500 ℃时合金中析出 Fe_3B 硬磁相。图 4.4 (d) 为 x/y = 7 : 3 合金退火后的 XRD 图，退火温度为 350 ℃时，合金开始处于结构弛豫状态，退火温度为 375 ℃时析出 α-Fe 相，当退火温度为 450 ℃时，合金中还未析出硬磁相。

纵观图 4.4，可以发现，当 Ga 和 Ge 的含量比为 5 : 5 时，合金在退火温度为 450 ℃时才开始析出 α-Fe 相，而其他合金在退火温度为 400 ℃以下就已经开始析出 α-Fe 相。这与图 4.3 中 DSC 曲线结论一致，说明当 Ga 和 Ge 的含量比为 1 : 1 时，合金的热稳定性最好。同时可以发现无论 Ga 和 Ge 的含量比为多少时，合金析出的 α-Fe 相的 2θ 角，均小于纯 α-Fe 的 2θ 角（44.673°），这是因为 Ga

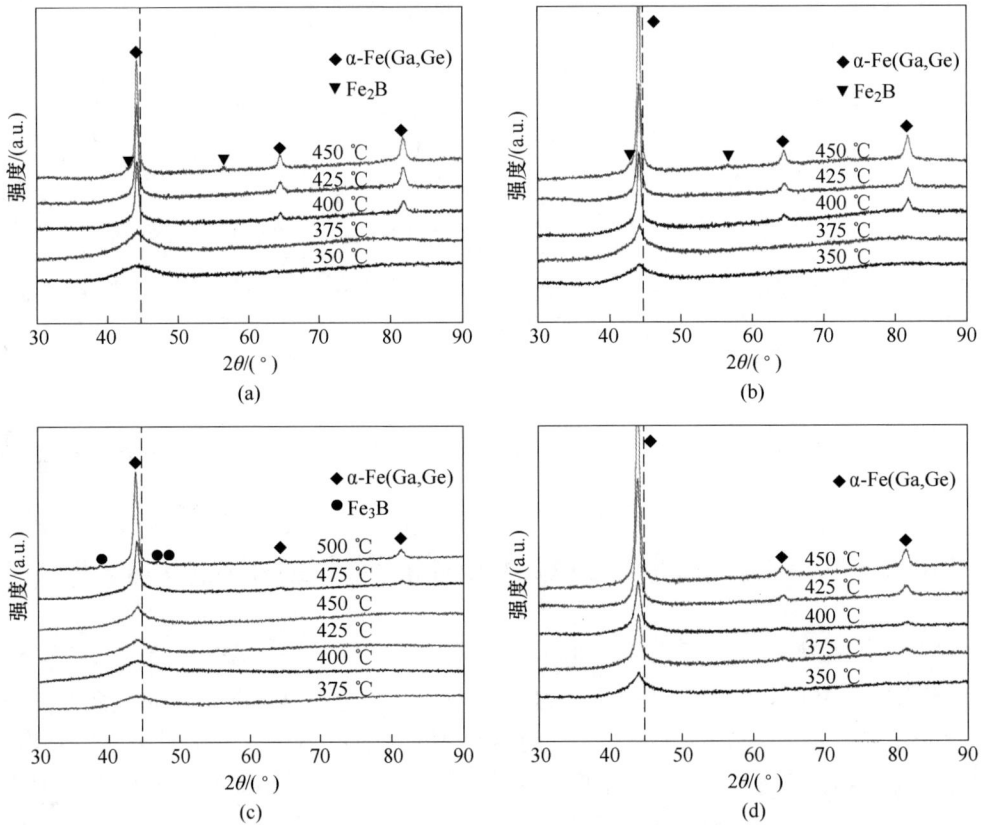

图 4.4　$Fe_{76}Ga_xGe_yB_{13}Cu_1$ 合金不同温度退火后的 XRD 图

(a) x/y = 1 : 9；(b) x/y = 3 : 7；(c) x/y = 5 : 5；(d) x/y = 7 : 3

和 Ge 元素可以与 Fe 形成置换固溶体, 而 B、Cu 元素均不溶于 Fe。同第 3 章的 FeGaGeB 合金一样, $Fe_{76}Ga_xGe_yB_{13}Cu_1$ (x/y=1:9, 3:7, 5:5, 7:3) 析出相为 α-Fe(Ga,Ge)。

图 4.5 (a) 为 $Fe_{76}Ga_xGe_yB_{13}Cu_1$ (x/y=1:9, 3:7, 5:5, 7:3) 合金晶格常数 a 随退火温度的变化图。从图中可以看出合金的晶格常数 a 均大于纯铁的晶格常数 (0.28664 nm), 这是因为 Ga 和 Ge 原子的半径比 Fe 大, 因此形成 α-Fe(Ga,Ge) 相时造成晶格扩张畸变, 晶格常数大于纯铁。随着退火温度的逐渐升高, $Fe_{76}Ga_xGe_yB_{13}Cu_1$ (x/y=1:9, 3:7, 5:5, 7:3) 合金晶格常数 a 均逐渐缓慢增大, 这是由于随着退火温度的逐渐升高, 合金的晶化体积 V^{cr} 不断增加 (V^{cr} 通过 Jade 软件将 XRD 分峰成漫散射峰和尖峰, 计算尖峰面积占比所得), 如图 4.5 (b) 所示, 有更多的 Ga 和 Ge 元素固溶于 α-Fe 中。同时还可以发现, Ga 元素的相对含量越高, 合金的晶格常数 a 越大, 这是因为 Ga 的原子半径大于 Ge[127], 固溶于 α-Fe 中的 Ga 元素越多, 晶格常数 a 越大。图 4.5 (c) 为 $Fe_{76}Ga_xGe_yB_{13}Cu_1$ (x/y=1:9, 3:7, 5:5, 7:3) 合金晶粒尺寸 D 随退火温度的变化图, 晶粒尺寸是根据 XRD 曲线, 利用 Scherrer 公式得出:

$$D = 0.89\lambda/L_\theta\cos\theta \tag{4.1}$$

式中, D 为晶粒尺寸的大小; θ 为衍射角度; λ 为 X 射线的波长; L_θ 为衍射峰的半峰宽值。从图 4.5 (c) 中可以看出, 随着退火温度的逐渐升高, 合金的晶粒尺寸均增大。在同一退火温度下, Ga 元素的相对含量越高, 合金的晶粒尺寸越小, 这是因为 Fe-Ga 团簇有促进合金形核的作用, 当 Ga 元素的含量越大, 合金在晶化初期的形核率越大, 晶核较多时, 晶粒在长大的过程中会相互阻碍, 最终使晶粒尺寸变小。

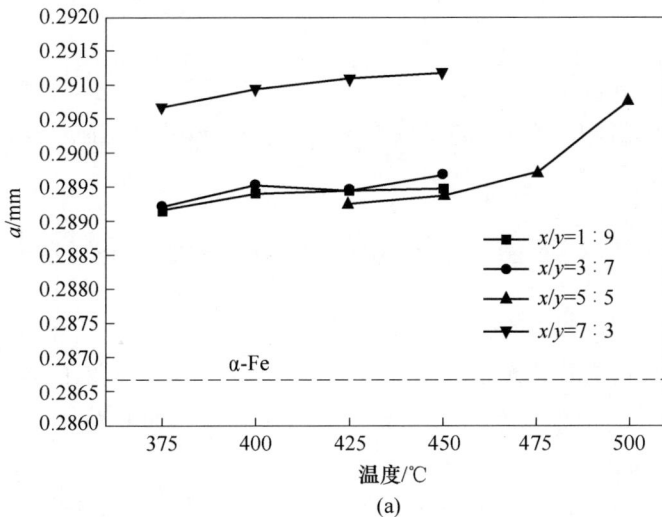

(a)

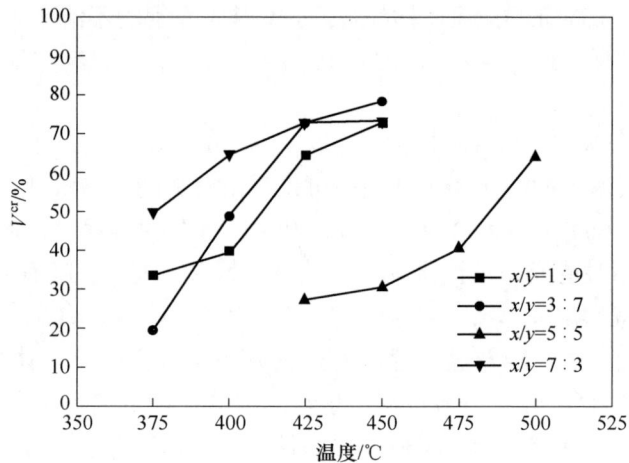

(b)

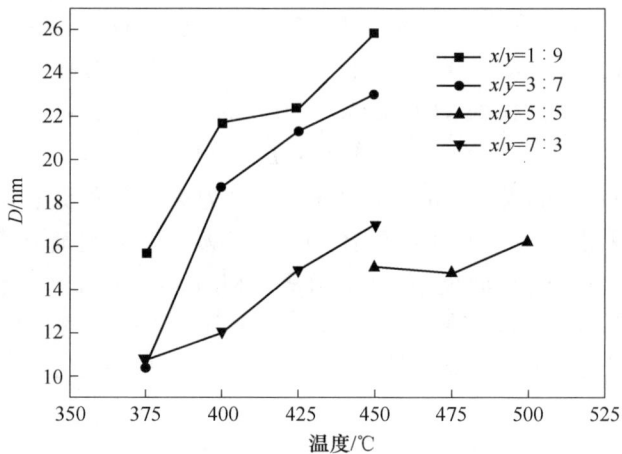

(c)

图 4.5　$Fe_{76}Ga_xGe_yB_{13}Cu_1$（$x/y = 1:9$，$3:7$，$5:5$，$7:3$）合金晶格常数 a（a），
晶化体积分数 V^{cr}（b）和晶粒尺寸 D（c）随退火温度的变化图

4.3　Ga/Ge 含量对 FeGaGeBCu 合金软磁性能的影响

材料的软磁性能受合金成分、组织结构、加工条件和应用条件等影响。起始磁导率 μ_i、饱和磁感应强度 B_s、矫顽力 H_c 等是衡量软磁材料的重要参数，通常饱和磁感应强度 B_s 与合金的成分、相组成密切相关，而起始磁导率 μ_i 和矫顽力 H_c 对组织结构敏感[113]。

图 4.6（a）为 $Fe_{76}Ga_xGe_yB_{13}Cu_1$（$x/y = 1:9$，$3:7$，$5:5$，$7:3$）合金饱

和磁感应强度 B_s 随退火温度的变化图。随着退火温度的升高，$Fe_{76}Ga_xGe_yB_{13}Cu_1$（Ga/Ge＝1∶9，3∶7，7∶3）合金均在 350 ℃时，B_s 达到最大值，x/y＝1∶9 时合金 B_s 最大值为 1.54 T，x/y＝3∶7 时合金 B_s 最大值为 1.47 T，x/y＝7∶3 时合金 B_s 最大值为 1.54 T，随后 B_s 略有降低。这是因为当退火温度为 350 ℃时，合金处于结构弛豫状态，Fe 原子间距相对较大，根据海森堡交换相互作用模型[113]和贝蒂-斯莱特曲线[114]，原子间的交换积分越大，磁矩越大，因此在退火温度为 350 ℃时，B_s 达到最大。随着退火温度的增加，合金开始晶化，原子排列有序，使得原子间距变小，因此 B_s 略有降低。随着退火温度的继续增大，$Fe_{76}Ga_xGe_yB_{13}Cu_1$（$x/y$＝1∶9，3∶7）合金的 B_s 逐渐平缓增加，这是因为合金的晶化体积分数逐渐增大，B_s 逐渐增大。x/y＝5∶5 合金的 B_s 随着退火温度的增加，首先降低，然后在 450 ℃时，达到最大值 1.6 T，这是因为退火温度较低时，合金的晶化体积分数较低，随着晶化体积分数的增加，B_s 也逐渐增大。

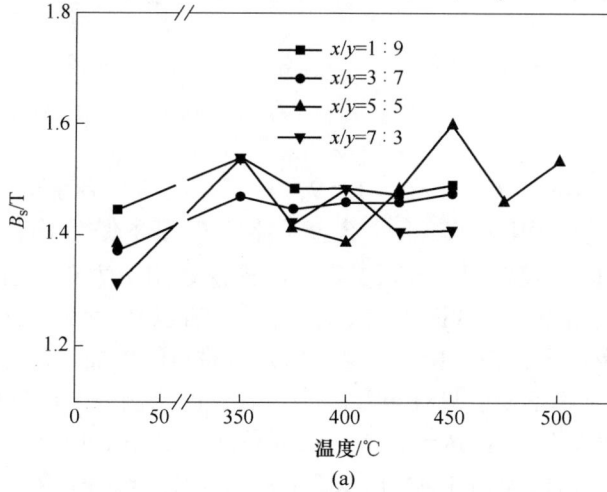

(a)

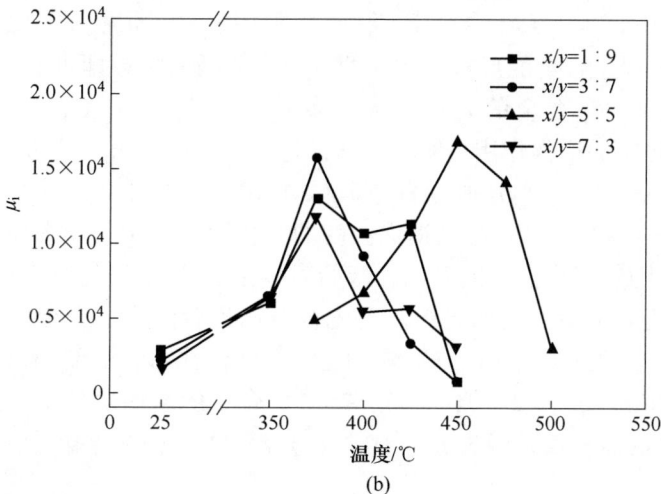

(b)

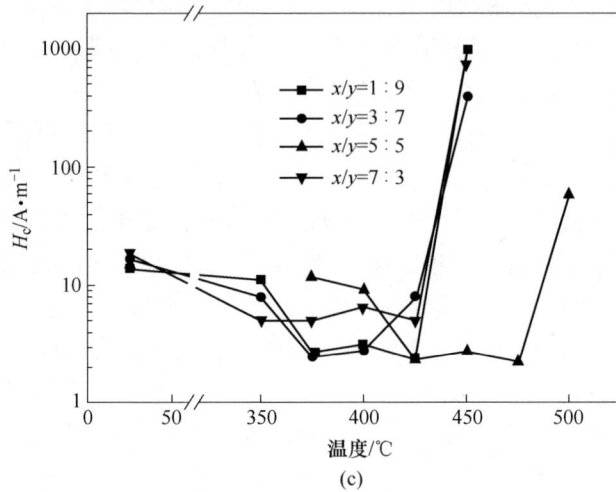

图 4.6　Fe$_{76}$Ga$_x$Ge$_y$B$_{13}$Cu$_1$（x/y=1：9，3：7，5：5，7：3）合金的饱和
磁感应强度 B_s（a），起始磁导率 μ_i（b）和矫顽力 H_c（c）随退火温度的变化图

　　纵观 Fe$_{76}$Ga$_x$Ge$_y$B$_{13}$Cu$_1$（x/y=1：9，3：7，7：3）合金的 B_s 曲线，可以发现随着 Ga 和 Ge 元素比例的变化，合金总体的 B_s 基本保持不变。这可能是因为，相对 Ga 元素，Ge 元素对于 Fe 原子磁矩的提高作用更大[92]，但是 Ga 元素对合金的晶格常数作用更大，如图 4.5（a）所示，所以 Ga 元素的相对含量增高时，合金的晶格常数增大，交换积分增加，但是对磁矩的增加作用降低，因此最终合金的总体的 B_s 基本不变。只有当 Ga 和 Ge 含量的比例为 5：5 时，对晶格常数和磁矩的贡献达到最佳，B_s 达到最大。第 3 章中，Fe$_{76}$Ga$_6$Ge$_5$B$_{13}$ 合金在退火温度为 425 ℃时，达到最大值 1.47 T，相对 Fe$_{76}$Ga$_5$Ge$_5$B$_{13}$Cu$_1$ 合金的最佳 B_s 较小，这是因为 Fe$_{76}$Ga$_5$Ge$_5$B$_{13}$Cu$_1$ 合金中 Cu 元素的作用，Cu 元素在晶化初期可作为异质形核点[64]，促进合金的形核，对比两种合金的晶格常数即可发现，掺杂 Cu 之后 Fe$_{76}$Ga$_5$Ge$_5$B$_{13}$Cu$_1$ 合金的 a 值更大，表明更多的 Ga 和 Ge 固溶于 α-Fe(Ga, Ge)，对 Fe 磁矩的增强作用更明显，从而进一步提高了合金的 B_s。

　　图 4.6（b）和（c）分别为 Fe$_{76}$Ga$_x$Ge$_y$B$_{13}$Cu$_1$（x/y=1：9，3：7，7：3）合金起始磁导率 μ_i 和矫顽力 H_c 随退火温度的变化图。起始磁导率和矫顽力都是结构敏感参数，随着退火温度的升高，起始磁导率 μ_i 基本呈先升高后降低的趋势，矫顽力 H_c 呈先降低后升高的趋势。首先合金退火后消除了合金的内应力，因此起始磁导率首先会增加，矫顽力会降低，当退火温度为 375 ℃时，Fe$_{76}$Ga$_x$Ge$_y$B$_{13}$Cu$_1$（x/y=1：9，3：7，7：3）合金的起始磁导率达到最高值，而矫顽力达到最低值，这是因为 $H_c \propto D^6$，$\mu_i \propto D^{-6}$[128]，合金晶化后，当退火温度为

375 ℃时，合金晶粒尺寸最小，如图 4.5（c）所示。随着退火温度的逐渐增加，晶粒逐渐长大，因此起始磁导率逐渐降低，矫顽力逐渐升高。$x/y = 5 : 5$ 合金退火温度为 450 ℃时，μ_i 达到最大值为 1.68×10^4，退火温度为 475 ℃时，H_c 达到最低值 2.26 A/m。提高合金起始磁导率的方法与降低矫顽力的方法一致，最有效的方法是从工艺和元素配比上，使磁晶各向异性常数和磁致伸缩系数均趋近于 $0^{[113]}$。当 $x/y = 7 : 3$ 时，合金的起始磁导率相对其他合金较低，矫顽力相对较高。这是因为 Ga 能提高合金的磁致伸缩系数，当 Ga 元素的原子分数为 7% 时，合金的磁致伸缩系数较大，使得合金的矫顽力较大，起始磁导率较低。

4.4　Fe$_{76}$Ga$_5$Ge$_5$B$_{13}$Cu$_1$ 合金的非等温晶化动力学研究

图 4.1 的 XRD 曲线初步表明淬态 Fe$_{76}$Ga$_5$Ge$_5$B$_{13}$Cu$_1$ 合金为非晶结构，通过透射电镜对其做了进一步的研究，如图 4.7 所示。从图中可以看出，合金大部分组织为非晶态，但是在非晶基体上存在着少量的细小的晶粒或者团簇，这表明合金已部分晶化。在非完全非晶结构的合金中，常规的退火工艺（慢速升温、长时间保温）会使退火后的合金晶粒粗大且尺寸不均匀，无法获得均匀弥散的纳米晶颗粒，恶化纳米晶之间的铁磁交换耦合作用以及合金的软磁性能。例如，Nanomet（Fe$_{85}$Si$_2$B$_8$P$_4$Cu$_1$）合金$^{[129]}$由于 Fe 含量高，淬态合金无法形成完全非晶结构，在退火过程中，升温速率较低（10 K/min）时析出的纳米晶尺寸较大且不均匀，矫顽力高达 100 A/m。随着升温速率增加，纳米晶逐渐向细小均匀化转变，矫顽力逐渐降低，最终在升温速率为 400 K/min 时得到矫顽力小于 10 A/m 的合金。在非完全非晶结构的 Fe$_{85.5}$B$_{10}$Si$_2$P$_2$C$_{0.5}$ 合金$^{[130]}$中，同样是利用极高的升温速率来获得均匀细小的纳米晶组织，该合金的矫顽力为 12 A/m。由此可见，为了在提高合金饱和磁感应强度的同时保证较好的软磁性能，需要明确该类型合金退火过程中的晶化机制，以此为指导来调整退火工艺，这对新型材料的研发和应用具有重要的指导意义。本节以 Fe$_{76}$Ga$_5$Ge$_5$B$_{13}$Cu$_1$ 合金为例进行了非等温晶化动力学研究，在氮气氛围下，用 NETZSCH-STA449C 型差热分析仪测量了非等温 DSC 曲线，加热速率分别为 5 K/min、15 K/min、25 K/min、35 K/min。

图 4.8（a）为淬态 Fe$_{76}$Ga$_5$Ge$_5$B$_{13}$Cu$_1$ 合金在不同加热速率下的非等温 DSC 曲线图。如前所述，DSC 曲线中第 1 个放热峰为 α-Fe(Ga,Ge) 相的析出；第 2 个放热峰为 Fe$_2$B 或者 Fe$_3$B 硬磁相的析出。DSC 曲线有 4 个特征温度，如图 4.8（a）所示，T_{x1} 为第 1 个放热峰的起始温度，T_{p1} 为第 1 个峰放热峰的峰值温度，T_{x2} 为第 2 个放热峰的起始温度，T_{p2} 为第 2 个放热峰的峰值温度。随着加热速率的提高，放热峰的半高宽增加，且峰的不对称性加大，放热峰后端的圆弧拖曳现象也更加明显，这说明加热速率对 Fe$_{76}$Ga$_5$Ge$_5$B$_{13}$Cu$_1$ 非晶合金的晶化过

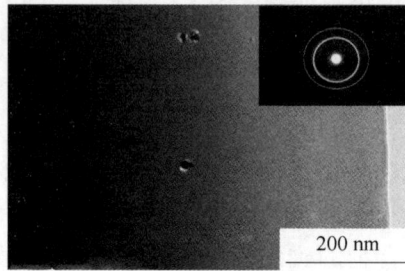

图 4.7　淬态 $Fe_{76}Ga_5Ge_5B_{13}Cu_1$ 合金的 TEM 图

程存在影响。图 4.8（b）为 4 个特征峰的温度随加热速率的变化曲线图。可以看出，随着加热速率的提高，起始晶化温度 T_{x1}、T_{x2} 和晶化峰值温度 T_{p1}、T_{p2} 明显地向高温偏移，说明 $Fe_{76}Ga_5Ge_5B_{13}Cu_1$ 非晶合金的晶化过程表现出较明显的动力学效应，这种动力学效应表明非晶合金的晶化是一个热激活过程[131-132]。

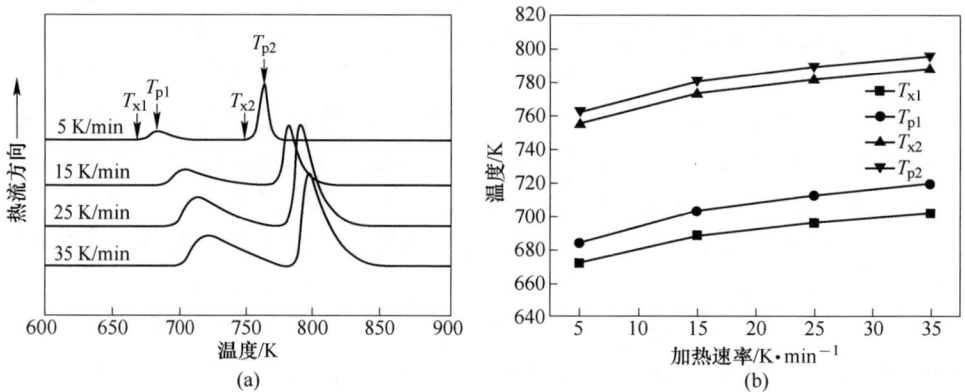

图 4.8　淬态 $Fe_{76}Ga_5Ge_5B_{13}Cu_1$ 合金在不同加热速率下的非等温 DSC 曲线（a）和
特征温度随加热速率的变化图（b）

　　为了进一步确定晶化产物的相组成，对合金进行了以下的退火处理：在不同的升温速率下，将合金加热至 T_{a1}（$T_{a1} = T_{p1}+30$ K）和 T_{a2}（$T_{a2} = T_{p2}+50$ K），然后进行快冷。图 4.9 为合金在不同升温速率下、T_{a1} 和 T_{a2} 退火后的 XRD 图和升温速率为 5 K/min 的选区电子衍射花样图（SAED）。从图 4.9（a）的 SAED 中可以看出，合金在 T_{a1} 析出的相均为 α-Fe 相，而且 XRD 中析出的也只有 α-Fe 相，并结合图 4.5（a）晶格常数的分析可知，DSC 曲线中第 1 个放热峰为 α-Fe(Ga, Ge) 相的析出。从图 4.9（b）的 SAED 可以看出，合金在 T_{a2} 退火后析出的相均为 α-Fe 和 Fe_2B 相，与 XRD 结果也一致，因此可以确定 DSC 曲线中第 2 个放热峰为 Fe-B 硬磁相的析出。

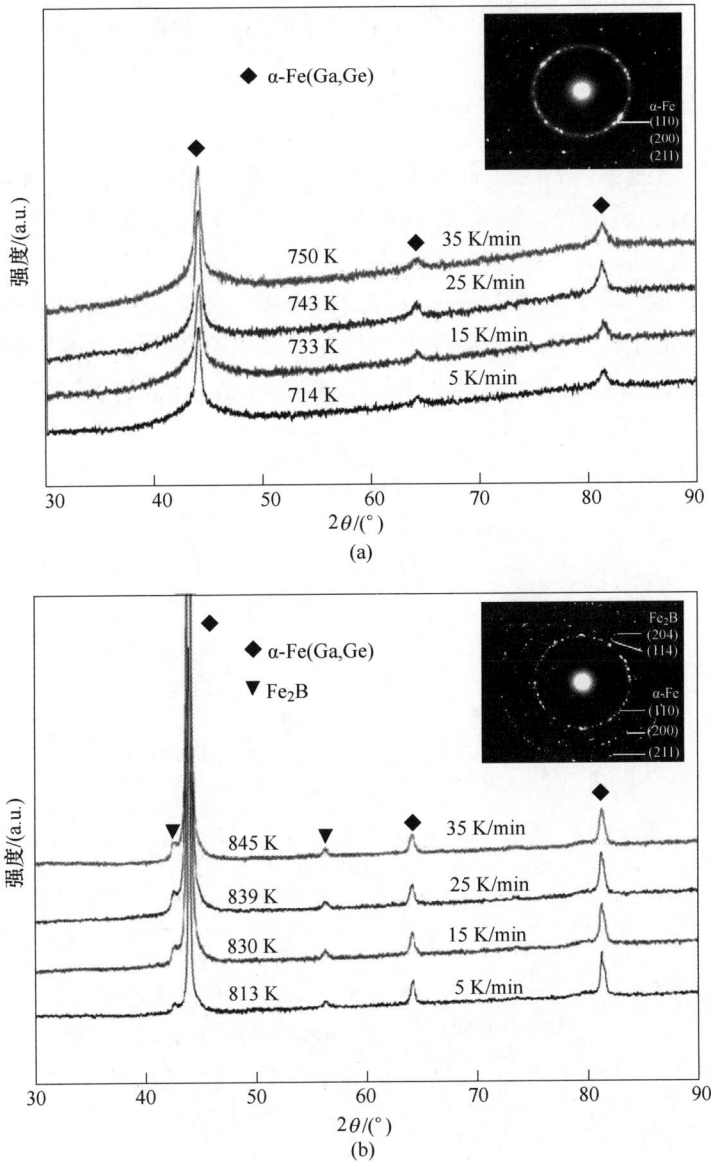

图 4.9　Fe$_{76}$Ga$_5$Ge$_5$B$_{13}$Cu$_1$ 合金在 T_{a1}（$T_{a1} = T_{p1} + 30$ K）（a）和

T_{a2}（$T_{a2} = T_{p2} + 50$ K）（b）退火后的 XRD 图，插图为升温速率为 5 K/min，

退火温度为 T_{a1} 和 T_{a2} 的选区电子衍射花样图

　　采用 Kissinger 方程[133]和 Ozawa 方程[134]分析了 Fe$_{76}$Ga$_5$Ge$_5$B$_{13}$Cu$_1$ 合金的晶化行为和热力学稳定性，其公式如下：

$$\ln\left(\frac{\beta}{T^2}\right) = -\frac{E}{RT} + C \quad （\text{Kissinger 方程}） \tag{4.2}$$

$$\ln\beta = -1.0516\frac{E}{RT} + C \quad （\text{Ozawa 方程}） \tag{4.3}$$

式中，β 为加热速率；T 为特征温度，如 T_{x1}、T_{p1}、T_{x2}、T_{p2}；E 为表观激活能，包括起始表观激活能 E_x 和晶化表观激活能 E_a；C 为常数；R 为气体常数，$R = 8.314\ \text{J/(K·mol)}$。

图 4.10（a）为采用 Kissinger 方程的拟合图，图 4.10（b）为采用 Ozawa 方程的拟合图，由于特征值代入方程中的数据点几乎都落在拟合的直线上，说明利用 Kissinger 方程和 Ozawa 方法计算 $Fe_{76}Ga_5Ge_5B_{13}Cu_1$ 合金的表观激活能的方法是

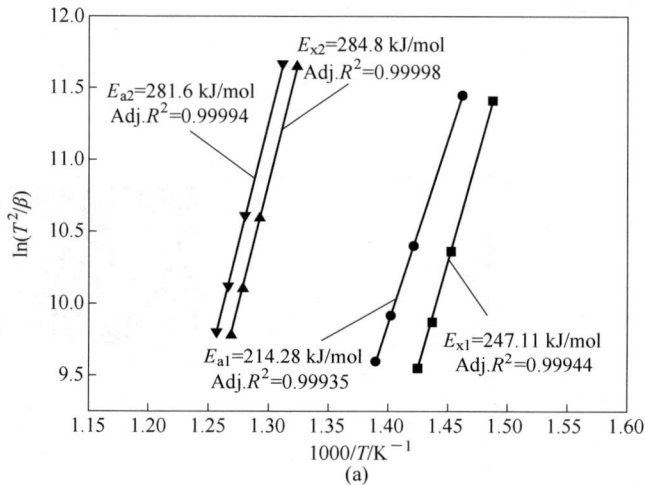

(a)

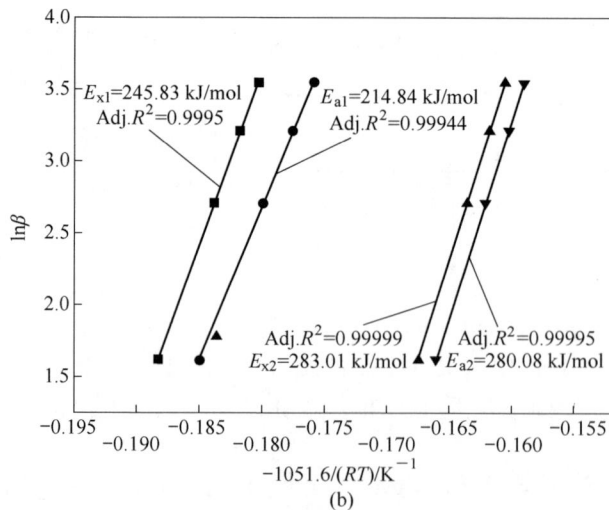

(b)

图 4.10　$Fe_{76}Ga_5Ge_5B_{13}Cu_1$ 合金的 Kissinger 方程（a）和 Ozawa 方程（b）线性拟合图

合理的。利用图中所拟合直线的斜率即可求出表观激活能 E_x 或者 E_a。E_{x1} 通过不同加热速率下的 T_{x1} 拟合得到，E_{a1} 通过不同加热速率下的 T_{p1} 拟合得到。同样的，E_{x2} 通过 T_{x2} 拟合得到，E_{a2} 通过 T_{p2} 拟合得到。

通过 Kissinger 方程，求得 E_{x1} =（247.11±3.38）kJ/mol，E_{a1} =（214.28±3.14）kJ/mol，E_{x2} =（284.8±0.68）kJ/mol，E_{a2} =（281.6±1.217）kJ/mol。通过 Ozawa 方程，求得 E_{x1} =（245.84±3.18）kJ/mol，E_{a1} =（214.84±2.94）kJ/mol，E_{x2} =（283.01±0.61）kJ/mol，E_{a2} =（280.08±1.19）kJ/mol。因此 $E_{x1}>E_{a1}$，这可能是由于 Fe$_{76}$Ga$_5$Ge$_5$B$_{13}$Cu$_1$ 合金中的 Ga 和 Ge 元素造成的，Ga 和 Ge 为大尺寸原子，因此形核过程中会造成原子的扩散困难，导致它的形核过程需要克服更高的能垒。当 Ga 原子和 Ge 原子通过扩散与 Fe 形核后，会在残余非晶相内留下比较大的原子间隙，为其他原子的扩散提供通道，因此第 1 个晶化峰的起始表观激活能大于晶化表观激活能。同时，$E_{x2}>E_{x1}$，$E_{a2}>E_{a1}$，这表明生成 Fe-B 硬磁相所需克服的能垒大于生成 α-Fe(Ga,Ge) 的。与其他铁基非晶合金的表观激活能相比[135-136]，Fe$_{76}$Ga$_5$Ge$_5$B$_{13}$Cu$_1$ 的 E_{a1} 和 E_{a2} 相对较小，这是由于淬态合金已有少部分的晶化，导致晶化表观激活能较小。

在某一温度下，晶化体积分数 α 的计算可由式（4.4）[137-138]计算得到（与 V^{cr} 有所区别）：

$$\alpha(T) = \frac{A(T)}{A_\infty} \tag{4.4}$$

式中，A_∞ 为 DSC 曲线上放热峰的面积；$A(T)$ 为温度为 T 时放热峰的面积。

图 4.11 为在不同的加热速率下，每个峰的晶化体积分数 α 随温度的变化图。很显然，随着温度的升高，图中所有的晶化体积分数曲线均为 S 形。S 形曲线分布表明 Fe$_{76}$Ga$_5$Ge$_5$B$_{13}$Cu$_1$ 合金的晶化过程可以分为 3 个阶段[139]：第一阶段，$0 \leq \alpha < 0.1$，S 形曲线的斜率比较平缓，说明合金的晶化过程缓慢，这一过程合金以形核为主；第二阶段，$0.1 \leq \alpha \leq 0.9$，S 形曲线的斜率很陡，说明合金的晶化率很高，晶化体积分数不断增加，使得合金的体积自由能下降，非晶态和晶态之间的界面增多，使得界面自由能增加，因此晶化率增加；第三阶段，$0.9 < \alpha \leq 1$，S 形曲线的斜率又趋于平缓，非晶体和晶体之间的界面能减小，使得晶化逐渐停止[140]。

在众多的晶化动力学的研究中，Johnson-Mehl-Avrami-Kolmogorov（JMAK）方程常常被用于等温晶化动力学的分析[141-143]，有研究表明[144-147]，如果非晶合金的形核过程发生在早期的结晶过程中，那么 JMAK 方程也可被应用于非等温加热状态下晶化动力学的分析，而且在实际的生产过程中，退火工艺常常在非等温加热条件下进行，因此可通过 JMAK 方程来分析和指导退火工艺，从而获得晶粒尺寸均匀的纳米晶结构，提高合金的软磁性能。

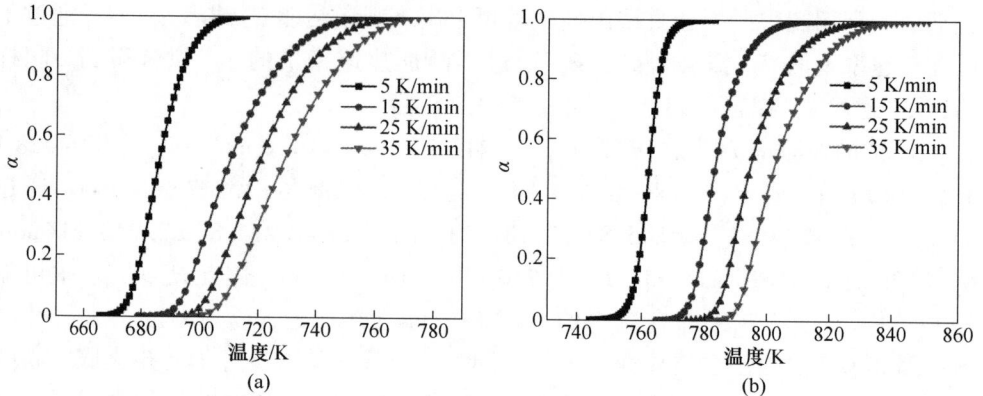

图 4.11　在不同的加热速率下每个峰的晶化体积分数 α 随退火温度的变化图

(a) 第 1 个晶化峰；(b) 第 2 个晶化峰

非等温加热情况下，JMAK 方程的一般表达式[137,148]为：

$$\alpha(t) = 1 - \exp\left[-\left(\int_{\tau}^{t} k(T)\,dt\right)^{n}\right] \tag{4.5}$$

式中，T 为温度；t 为时间；k 为关于 T 和 t 的函数；τ 为孕育时间。

Avrami 指数 n 代表晶化过程中的形核和长大过程，表达式[148]如下：

$$n(\alpha) = \cfrac{1}{1 + \cfrac{E_a}{RT}\left(1 - \cfrac{T_x}{T}\right)} \cfrac{d\ln[-\ln(1-\alpha)]}{d\left[\ln\left(\cfrac{T - T_x}{\beta}\right)\right]} \tag{4.6}$$

式中，T_x 为起始晶化温度；R 为气体常数，$R = 8.314$ J/(K·mol)；E_a 为晶化表观激活能；α 为晶化体积分数；β 为加热速率。

Avrami 指数 n 可以进一步地表示为 $n = a + bp$[149-150]，其中 a 为形核率的参数，它有以下 4 种情况：(1) $a = 0$，形核率为 0；(2) $0 < a < 1$，形核率下降；(3) $a = 1$，形核率不变；(4) $a > 1$，形核率增加。b 是和长大过程的生长维度有关的参数，它可以取值为 1、2、3，代表合金一维、二维、三维生长过程。p 代表晶粒长大方式，$p = 0.5$ 代表晶粒呈扩散型生长，$p = 1$ 代表晶粒呈界面型增长。铁基非晶合金是呈扩散型增长的[140,151]，因此本实验中 $p = 0.5$。

图 4.12 为第 1 个峰和第 2 个峰的 Avrami 指数 n 随晶化体积分数 α 的变化图，我们在此得到 n 的值，并通过 $n = a + bp$ 分析了合金的形核和长大过程，如表 4.1 和表 4.2 所示。从图 4.12 中可以看出，随着晶化体积分数的增加，Avrami 指数 n 呈下降趋势。根据 n 数值的变化可以将晶化过程分为 3 个阶段，这与图 4.11 所示结果是一致的，即，(1) $n > 2.5$，形核率逐渐增加，$n = 2.5$，形核率不变；(2) $1.5 < n < 2.5$，形核率逐渐降低，晶体呈三维生长；(3) $n \leqslant 1.5$，形核率为 0，晶体呈三维生长。

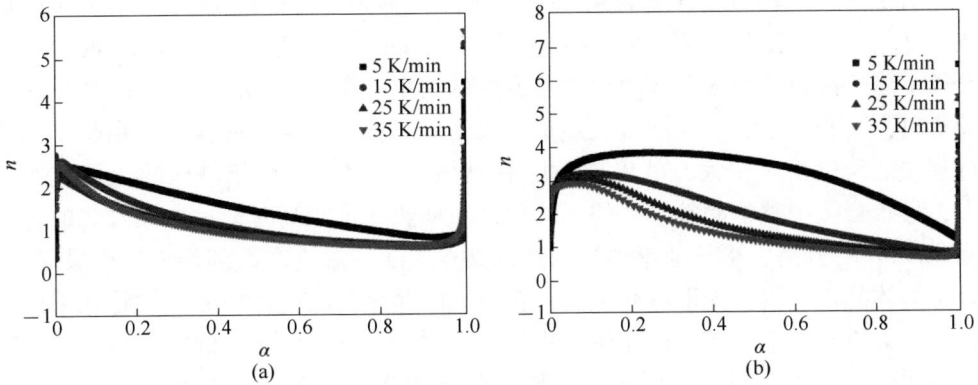

图 4.12　Avrami 指数 n 随着晶化体积分数 α 的变化

(a) 第 1 个晶化峰；(b) 第 2 个晶化峰

表 4.1　Fe$_{76}$Ga$_5$Ge$_5$B$_{13}$Cu$_1$ 合金中 α-Fe(Ga, Ge) 相非等温晶化机制的表征参数

加热速率/K·min^{-1}	α	n	a	b	p
5	$0<\alpha\leqslant0.2$	$n\geqslant2.5$	$a\geqslant1$	1	0.5
	$0.2<\alpha<0.5$	$1.5<n<2.5$	$0<a<1$	3	0.5
	$0.5\leqslant\alpha<1$	$n\leqslant1.5$	0	3	0.5
15、25、35	$0<\alpha\leqslant0.1$	$n\geqslant2.5$	$a\geqslant1$	1	0.5
	$0.1<\alpha<0.3$	$1.5<n<2.5$	$0<a<1$	3	0.5
	$0.3\leqslant a<1$	$n\leqslant1.5$	0	3	0.5

表 4.2　Fe$_{76}$Ga$_5$Ge$_5$B$_{13}$Cu$_1$ 合金中 Fe-B 相非等温晶化机制的表征参数

加热速率/K·min^{-1}	α	n	a	b	p
5	$0<\alpha\leqslant0.8$	$n\geqslant2.5$	$a\geqslant1$	1	0.5
	$0.8<\alpha<1$	$1.5<n<2.5$	$0<a<1$	3	0.5
15	$0<\alpha\leqslant0.4$	$n\geqslant2.5$	$a\geqslant1$	1	0.5
	$0.4<\alpha\leqslant0.6$	$1.5<n<2.5$	$0<a<1$	3	0.5
	$0.6\leqslant\alpha<1$	$n\leqslant1.5$	0	3	0.5
25、35	$0<\alpha\leqslant0.2$	$n\geqslant2.5$	$a\geqslant1$	1	0.5
	$0.2<\alpha<0.4$	$1.5<n<2.5$	$0<a<1$	3	0.5
	$0.4\leqslant\alpha<1$	$n\leqslant1.5$	0	3	0.5

对于第一个析出相（见表 4.1），当加热速率为 5 K/min，$\alpha > 0.2$ 时合金的形核率开始下降，当加热速率为 15 K/min、25 K/min、35 K/min，$\alpha > 0.1$ 时形核率开始下降。晶核的形成和长大速率与温度的关系如图 4.13 所示[162]，当加热速率较小时，合金有足够的时间吸收热量形成新的晶核，表现为形核过程在整个晶化过程中的跨度相对较大，就出现了已有晶核的持续长大和新晶核的边形成边长大，导致合金中整体晶粒尺寸的不均匀；当加热速率较高时，一方面合金的起始晶化温度 T_x 升高，形核速率很快到达最高点，随后温度升高到长大速率最高点，合金整体晶化过程为先形核后长大，新形成的晶核和已经存在的晶核将几乎同步长大，最终，合金的晶粒尺寸相对均匀。这样一来，就可通过确定形核率为零时的晶化体积分数来判断新形成的晶核与已经存在的晶核是否几乎同步长大，比如，当加热速率为 15 K/min、25 K/min、35 K/min，$\alpha \geqslant 0.3$ 时，形核率已经为0，表明晶化初期就已经完成形核过程；而当加热速率为 5 K/min，$\alpha \geqslant 0.5$ 时，形核率才为 0，形核跨度太大终会导致晶粒尺寸的不均匀。

同样的，对于第 2 个晶化相（见表 4.2），随着加热速率的逐渐升高，合金形核率降低时所对应的晶化体积分数 α 的临界值逐渐降低，当加热速率为 5 K/min 时，$\alpha = 0.8$ 时形核率才逐渐降低，说明 Fe-B 相的析出形核过程跨度较大，这是由于加热速率较低，合金中的原子扩散充分，使得第 2 个晶化相晶化时原子不再需要长程扩散，晶粒的形核和长大过程同步进行，在 DSC 中的表现为放热峰的圆弧拖曳现象消失，放热峰变得对称。当加热速率升高时，合金需要吸收足够的热量来晶化，导致形核过程还未完成就已经达到较高的温度，而此时的温度更有利于晶粒长大，这就导致了 DSC 峰拖尾的现象，也就是说，随着晶化体积分数的增加，晶化状态从形核速率大于长大速率逐渐向长大速率大于形核速率转变，如图 4.13 所示。

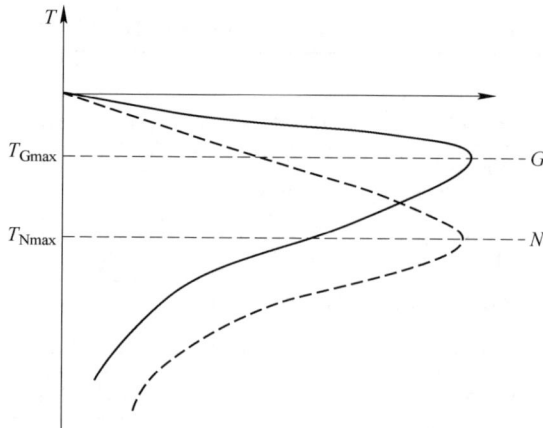

图 4.13　形核速率 N 与长大速率 G 与温度 T 的关系示意图[162]

综上所述，对于淬态有细小晶粒或团簇的 $Fe_{76}Ga_5Ge_5B_{13}Cu_1$ 合金而言，当加热速率较低，形核过程跨度较大时，会造成已有晶核已经长大，而新的晶核刚刚形成，最终使得合金的晶粒尺寸不均匀。当加热速率较高时，合金的形核发生在晶化体积分数较低时，新形成的晶核和原有的晶核几乎同步长大，使得合金的晶粒尺寸比较均匀。

4.5 升温速率对 $Fe_{76}Ga_5Ge_5B_{13}Cu_1$ 合金组织结构和软磁性能的影响

为了验证前面晶化动力学的分析，本节在不同的升温速率下对合金进行了真空退火处理，升温速率分别为 10 ℃/min、50 ℃/min、100 ℃/min，退火温度为 325~500 ℃。图 4.14（a）和（b）分别为升温速率为 10 ℃/min、50 ℃/min 时，合金退火后的 XRD 图，升温速率为 100 ℃/min 的 XRD 图，如图 4.4(c)所示。升温速率为 10 ℃/min，退火温度为 350 ℃ 时，合金就开始析出第二相；升温速率为 50 ℃/min，退火温度为 375 ℃ 时，合金开始析出第二相；升温速率为 100 ℃/min 时，退火温度为 425 ℃ 时，合金才析出第二相。随着升温速率的逐渐增加，$Fe_{76}Ga_5Ge_5B_{13}Cu_1$ 合金的起始晶化温度逐渐增加，同样的，Fe-B 硬磁相的析出温度也增加。这与图 4.8（a）不同加热速率的 DSC 曲线所得出的结论一致。

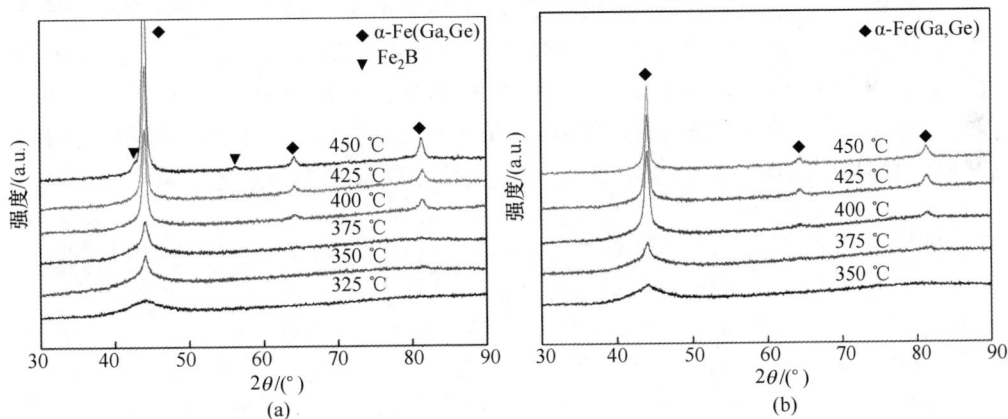

图 4.14 不同升温速率下 $Fe_{76}Ga_5Ge_5B_{13}Cu_1$ 合金退火后的 XRD 图

（a）10 ℃/min；（b）50 ℃/min

图 4.15 为在不同的升温速率下 $Fe_{76}Ga_5Ge_5B_{13}Cu_1$ 合金的晶格常数 a 和晶化体积分数 V^{cr} 随退火温度的变化图。从图中可以看出，随着退火温度的逐渐升高，合金的晶格常数 a 均逐渐增大。这是因为随着退火温度的逐渐升高，合金的晶化

体积分数逐渐增大，有更多的 Ga 和 Ge 原子溶于 α-Fe 内，Ga 和 Ge 的原子半径大于 Fe，因此晶格常数 a 逐渐增大。升温速率为 10 ℃/min 和 50 ℃/min 时，合金的晶化体积分数较大，相比升温速率为 100 ℃/min 时，有更多的 Ga 和 Ge 元素溶于 α-Fe 内，因此升温速率较低时，合金的晶格常数 a 较大。

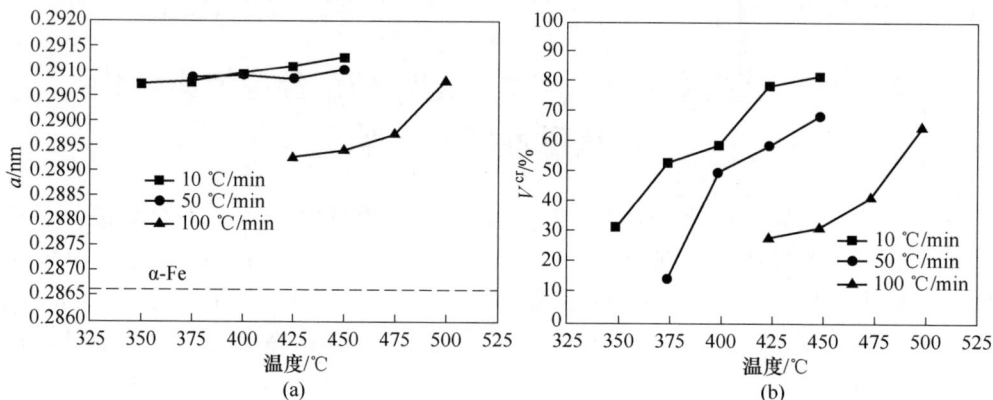

图 4.15　不同的升温速率下 $Fe_{76}Ga_5Ge_5B_{13}Cu_1$ 合金的晶格常数 a （a）
和晶化体积分数 V^{cr}（b）随退火温度的变化图

　　图 4.16 为在不同的升温速率下，起始磁导率 μ_i 和矫顽力 H_c 随退火温度的变化图，图 4.17 为在不同升温速率下合金退火后的 TEM 图。随着退火温度的升高，起始磁导率均呈现出先增高后降低的趋势，升温速率为 100 ℃/min 时，$Fe_{76}Ga_5Ge_5B_{13}Cu_1$ 合金的起始磁导率最优值为 1.68×10^4，矫顽力均呈现出先降低后升高的趋势，矫顽力最优值为 2.26 A/m。图 4.17 显示当升温速率为 10 ℃/min，

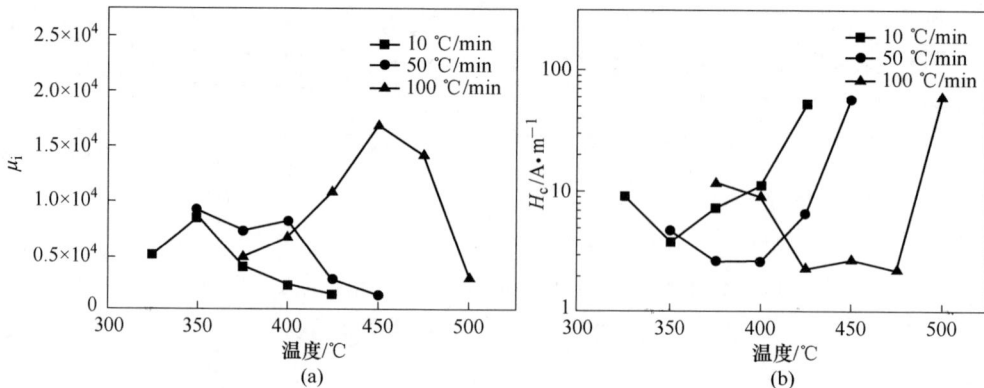

图 4.16　在不同的升温速率下 $Fe_{76}Ga_5Ge_5B_{13}Cu_1$ 合金起始磁导率 μ_i （a）和
矫顽力 H_c （b）随退火温度的变化图

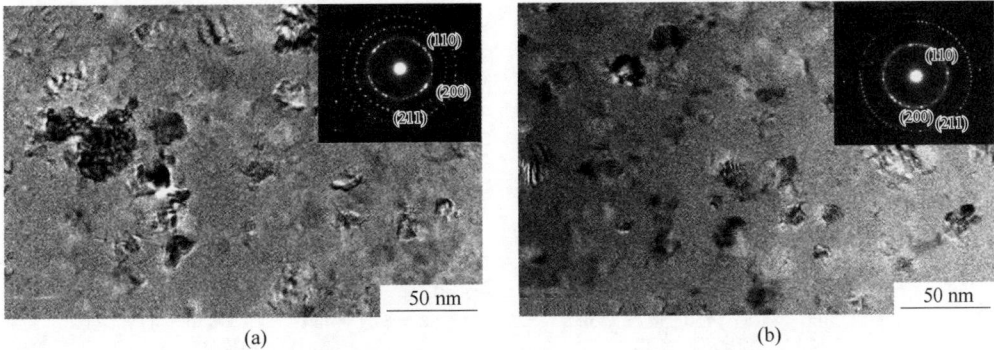

图 4.17　在不同升温速率下 Fe$_{76}$Ga$_5$Ge$_5$B$_{13}$Cu$_1$ 合金退火后的 TEM 图

（a）升温速率 10 ℃/min，退火温度 400 ℃；（b）升温速率 100 ℃/min，退火温度 450 ℃

退火温度为 400 ℃时，晶粒尺寸粗大且不均匀；升温速率为 100 ℃/min，退火温度为 450 ℃时，纳米晶晶粒均匀弥散地分布。这同时也验证了前面的计算分析结果，即升温速率越高，预先存在的晶粒和新形成的晶核几乎同步长大，使得形成的纳米晶结构致密均匀，铁磁交换耦合作用较强，合金的软磁性能较好；升温速率较低时，预先存在的晶核在升温过程中就已长大，与新形成的晶核长大不同步，导致晶粒尺寸不均匀，软磁性能较差。这也说明使用 JMAK 方程分析合金的非等温晶化动力学，并以此来指导合金的退火工艺是可行的。

4.6　保温时间对 Fe$_{76}$Ga$_5$Ge$_5$B$_{13}$Cu$_1$ 合金软磁性能的影响

图 4.18（a）为 Fe$_{76}$Ga$_5$Ge$_5$B$_{13}$Cu$_1$ 合金在不同的保温时间下饱和磁感应强度 B_s 随退火温度的变化图。从图中可以看出，在相同的退火温度下，B_s 未随保温时间的变化呈现出规律的变化。保温时间为 0.5 min 和 2 min，退火温度为 425 ℃时，合金的 B_s 达到最大值，分别为 1.48 T 和 1.49 T。保温时间为 1 min，退火温度为 450 ℃时，合金的 B_s 达到最大值为 1.6 T。图 4.18（b）为 Fe$_{76}$Ga$_5$Ge$_5$B$_{13}$Cu$_1$ 合金在不同的保温时间下矫顽力 H_c 随退火温度的变化图。从图 4.18（b）中可以看出，保温时间为 0.5 min 和 2 min 时，矫顽力也呈现出先降低后升高的趋势（注：保温时间为 2 min，退火温度为 375 ℃时的 H_c 小于淬态合金的 H_c），与保温为 1 min 时一致。保温时间为 0.5 min，退火温度为 425 ℃时，合金的 H_c 达到最低值 2.45 A/m；保温时间为 1 min，退火温度为 475 ℃时，合金的 H_c 达到最低值 2.26 A/m；保温时间为 2 min，退火温度为 375 ℃时，合金的 H_c 达到最低值 3.39 A/m。综上比较，Fe$_{76}$Ga$_5$Ge$_5$B$_{13}$Cu$_1$ 合金的最佳饱和磁感应强度和矫顽力均在保温时间为 1 min 时获得，因此后续实验选取的保温时间均为 1 min。

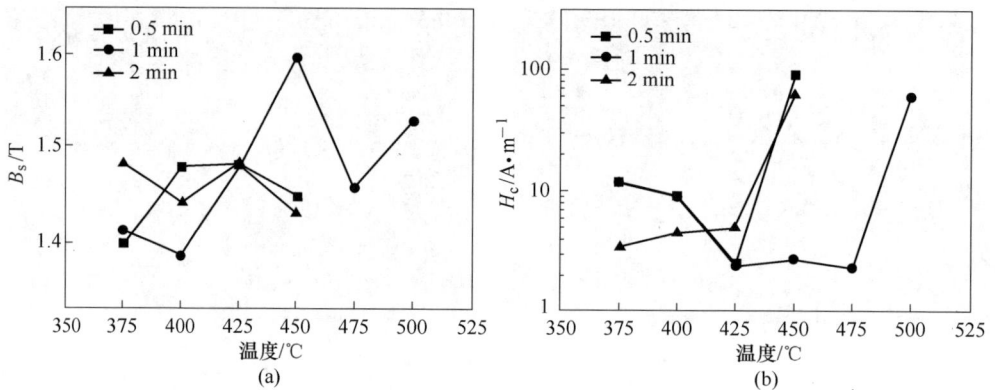

图 4.18   在不同的保温时间下 $Fe_{76}Ga_5Ge_5B_{13}Cu_1$ 合金的饱和磁感应强度 B_s （a） 和矫顽力 H_c （b） 随退火温度的变化图

4.7   本章小结

本章通过单辊旋淬法制备了 $Fe_{76}Ga_xGe_yB_{13}Cu_1$ （x/y = 1∶9，3∶7，5∶5，7∶3，9∶1） 非晶合金，对合金进行了真空退火处理，分析了 Ga/Ge 含量对合金的非晶形成能力、热稳定性和软磁性能的影响，并对 $Fe_{76}Ga_5Ge_5B_{13}Cu_1$ 合金进行了晶化动力学分析。

（1） 当 Ga/Ge = 1∶9、3∶7、5∶5、7∶3 时，淬态 $Fe_{76}Ga_xGe_yB_{13}Cu_1$ 合金为非晶态，当 Ga/Ge = 9∶1 时，淬态合金部分晶化。

（2） 当 Ga/Ge = 5∶5 时，α-Fe(Ga,Ge) 相的起始晶化温度最高，合金的热稳定性最好。同时退火后软磁性能最佳，饱和磁感应强度最大值为 1.6 T，矫顽力最低值为 2.26 A/m。

（3） 在非等温加热条件下，$Fe_{76}Ga_5Ge_5B_{13}Cu_1$ 合金的起始晶化激活能 E_{x1} 大于表观晶化激活能 E_{a1}，这可能是由于 Ga 和 Ge 原子的扩散规律导致的。

（4） 对于已有团簇的淬态合金，较高的升温速率有利于合金退火后获得致密均匀的纳米晶组织，从而提高合金的软磁性能。当升温速率为 100 ℃/min 时，$Fe_{76}Ga_5Ge_5B_{13}Cu_1$ 合金的起始磁导率最大值为 $1.68×10^4$。

5 P 掺杂对 FeGaGeB(P)Cu 合金组织结构和软磁性能的影响

铁基非晶纳米晶大部分是对非晶基体进行退火得到的，由纳米晶和残余非晶相两部分组成。纳米晶通过非晶层进行铁磁交换耦合作用，使其具有优异的软磁性能[128]。因此合金的饱和磁感应强度 B_s 由两部分组成，即纳米晶的磁感应强度 B_{sc} 和残余非晶相的磁感应强度 B_{sa}，可表示为 $B_s = B_{sc}(V_c/V) + B_{sa}(V_a/V)$（$V_c/V$ 代表晶化相的体积分数，V_a/V 代表残余非晶相的体积分数）[163]。无论是增加 Fe 元素的含量，还是增加 Ga、Ge、Co、Si 等可溶于 α-Fe 的元素的含量，都会影响纳米晶磁感应强度 B_{sc}，为此也需要关注残余非晶相的磁感应强度 B_{sa}。

通常情况下，为了兼顾高 B_s 和非晶形成能力，会选择在合金中添加多种类金属元素如 Si、B、P、C 等，由于 P、B、C 在 Fe 中的溶解度非常小，在合金的晶化过程中会留在残余非晶相中，对 B_{sa} 有着一定的影响，其中以 P 的影响最为明显[62-63,164-165]。如 $Fe_{83.3}Si_4Cu_{0.7}B_{12-x}P_x$ 和 $Fe_{83.3}Si_2B_{13-x}P_xC_1Cu_{0.7}$ 中加入 P 元素后，合金的 B_s 降低，但机理尚不明确[62-63]。第 4 章的研究通过添加 Ga、Ge 制备出 $Fe_{76}Ga_5Ge_5B_{13}Cu_1$ 合金，B_s 有所提高，在此基础上，为了探寻 P 对该体系合金非晶形成能力以及 B_s 的作用机理，本章由 P 替换 $Fe_{76}Ga_5Ge_5B_{13}Cu_1$ 中的 B，研究 P 含量对 $Fe_{76}Ga_5Ge_5B_{13-x}P_xCu_1$（$x = 0$，3，5，7）合金组织结构与软磁性能的影响，并分析退火温度、升温速率对合金晶化行为、结构演变和磁性能的影响机理。

5.1 P 含量对 FeGaGeB(P)Cu 合金非晶形成能力和热稳定性的影响

图 5.1（a）为淬态 $Fe_{76}Ga_5Ge_5B_{13-x}P_xCu_1$（$x = 0$，3，5，7）合金自由面的 XRD 图。从图中可以看出，淬态合金 $x = 0$ 时在 $2\theta = 44°$ 左右为漫散射峰，表明合金为非晶结构。而合金 $x = 3$ 时在 $2\theta = 44°$ 和 $2\theta = 65°$ 均为尖峰，表明合金已有部分晶化，且晶化程度较高。淬态合金 $x = 5$ 和 $x = 7$ 时在 $2\theta = 44°$ 左右为漫散射峰，$2\theta = 65°$ 左右为尖峰对应于 α-Fe 的 {200} 晶面族，也表明淬态合金 $x = 5$ 和 $x = 7$ 时部分晶化，此时 XRD 中检测到的晶面族为 {200} 而不是 {110}，是因为 P 含量较高时，晶粒的 {200} 晶面族平行于带材表面，易于检测[63,166-167]。综上可

知，在 P 元素取代 B 元素后，$Fe_{76}Ga_5Ge_5B_{13-x}P_xCu_1$（$x=3$，5，7）合金的非晶形成能力变差，这可能是由于 P 的添加导致合金成分远离共晶点位置，使得合金从熔融状态快淬成带时经历的固液共存温度区间更大，更容易形核结晶。

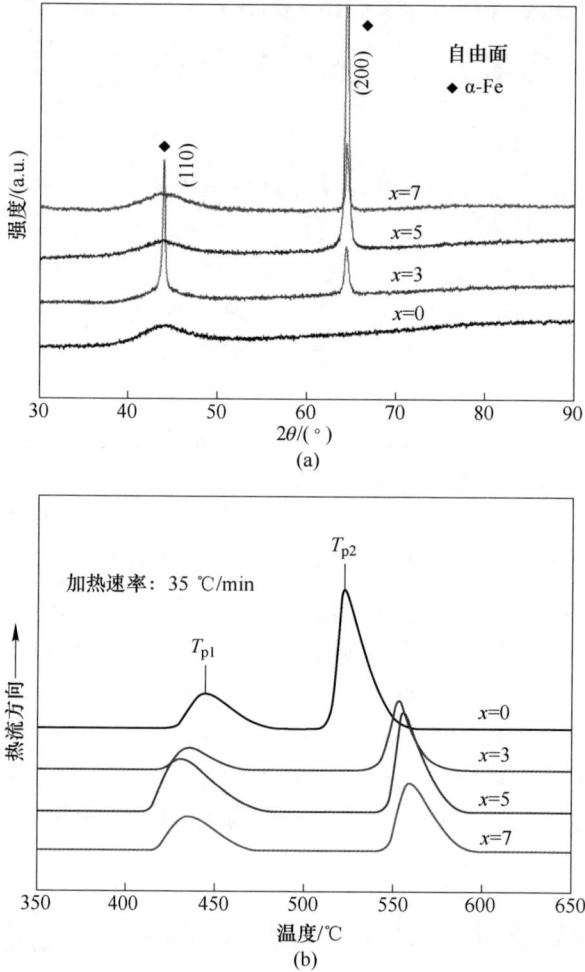

图 5.1   淬态 $Fe_{76}Ga_5Ge_5B_{13-x}P_xCu_1$（$x=0$，3，5，7）合金的

XRD 图（a）和 DSC 曲线图（b）

图 5.1（b）为淬态 $Fe_{76}Ga_5Ge_5B_{13-x}P_xCu_1$（$x=0$，3，5，7）合金非等温加热的 DSC 图，所有的 DSC 曲线均有两个放热峰，第 1 个放热峰为 α-Fe 的析出[100,168]，第 2 个放热峰为 FeB(P) 相的析出[100,172]。从图中可以看出，添加 P 后，第 1 个峰值温度 T_{p1} 逐渐降低，这是由于添加 P 以后，合金中存在少量的晶化相，为初晶相的析出提供了形核点，此外，P 可与 Cu 形成 Cu-P 团簇[169]，提

高了形核率，使得初晶相更容易析出。第 2 个峰值温度 T_{p2} 逐渐升高，这是由于 P 在 Fe 中的溶解度非常低，不参与初晶相的析出，而是存在于残余非晶相中，从而提高了残余非晶相的热稳定性。表 5.1 为两个放热峰的峰值温度和两个晶化放热峰值温度之差 $\Delta T = T_{p2} - T_{p1}$。从表中可以看出，添加 P 后，$\Delta T$ 增大，有利于扩大 α-Fe 的结晶温度，降低合金的退火敏感性，且随着 P 含量的增加，ΔT 逐渐趋于稳定。

表 5.1　淬态 Fe$_{76}$Ga$_5$Ge$_5$B$_{13-x}$P$_x$Cu$_1$（$x=0$，3，5，7）合金放热峰峰值温度参数　（℃）

合金	T_{p1}	T_{p2}	ΔT_x
$x=0$	445	522	77
$x=3$	435	553	118
$x=5$	430	555	125
$x=7$	435	560	125

5.2　退火温度对 FeGaGeB(P)Cu 合金结构的影响

在真空退火炉中对 Fe$_{76}$Ga$_5$Ge$_5$B$_{13-x}$P$_x$Cu$_1$（$x=0$，3，5，7）合金进行退火，温度为 375~500 ℃，保温时间为 1 min。图 5.2 为不同温度退火后的 XRD 图，$x=0$ 时，合金在退火温度为 425 ℃时开始析出 α-Fe 相，如图 5.2（a）所示。而 $x=3$，$x=5$ 和 $x=7$ 时，合金均在 375 ℃就开始析出 α-Fe 相，如图 5.2（b）~（d）所示，这也与图 5.1（b）中 DSC 图相对应，即初晶相的析出温度降低。此外，合金初晶相的衍射峰角度均小于纯 α-Fe 相，这是由于 Ga 和 Ge 可以溶于 α-Fe 中形成置换固溶体，B、P、Cu 元素均与 α-Fe 不相溶，同时 Ga 和 Ge 的原子半径大

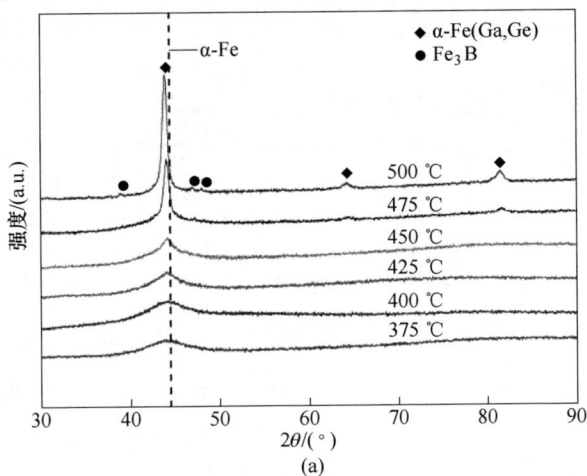

(a)

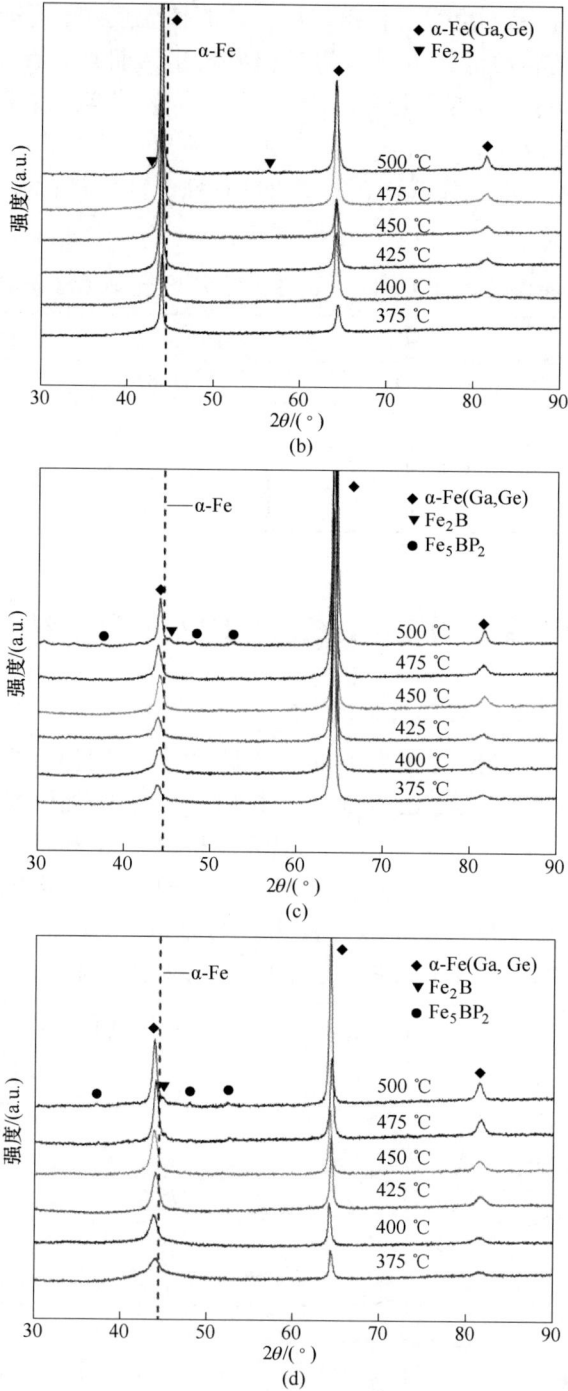

图 5.2 Fe$_{76}$Ga$_5$Ge$_5$B$_{13-x}$P$_x$Cu$_1$（x＝0，3，5，7）合金在不同温度下退火后的 XRD 图

（a）x＝0；（b）x＝3；（c）x＝5；（d）x＝7

于 Fe，导致形成的 α-Fe(Ga,Ge) 相的晶面间距增加，根据布拉格方程 $2d\sin\theta=n\lambda$（其中 d 为晶面间距，θ 为衍射角，n 为反射级数，λ 为 X 射线波长），衍射角度随之减小，这就证明合金中的初晶相为 α-Fe(Ga,Ge)。当温度升至 500 ℃时，4 种合金均析出硬磁相，$x=0$ 时析出 Fe_3B 相，$x=3$ 时析出 Fe_2B 相，$x=5$ 和 $x=7$ 时析出 Fe_2B 相和 Fe_5BP_2 相。

5.3 P 含量对 FeGaGeB(P)Cu 合金软磁性能的影响

图 5.3（a）为 $Fe_{76}Ga_5Ge_5B_{13-x}P_xCu_1$（$x=0$，3，5，7）合金的饱和磁感应强度 B_s 随退火温度的变化图。从图中可以看出，在退火温度为 425 ℃时，$x=3$ 和 $x=5$ 的合金 B_s 达到最大值，分别为 1.41 T 和 1.31 T。退火温度为 450 ℃时，$x=0$ 和 $x=7$ 的合金 B_s 达到最大值，分别为 1.6 T 和 1.3 T。整体来看，随着 P 含量的增加，合金的饱和磁感应强度 B_s 逐渐减小。由于 P 在 Fe 中的溶解度非常低，主要存在于残余非晶相中和 α-Fe 的周围，有研究表明，类金属可以使 Fe 的磁矩降低[170]，添加 P 后，由于 Fe 的费米能级 E_F 较低，而 P 的 E_F 较高，使得 P 的自由电子向 Fe 中转移，直至二者的 E_F 相等，如图 5.4 所示。Fe 的磁矩来源主要是核外电子 d 层上自旋与下自旋电子的数量差，由于下自旋态电子处于未满状态，来自 P 的自由电子填充导致 Fe 的 d 层下自旋电子数量增多，而总的上自旋电子数量降低，同时降低了 Fe 的磁矩以及 B_{sa}，从而降低合金的 B_s。

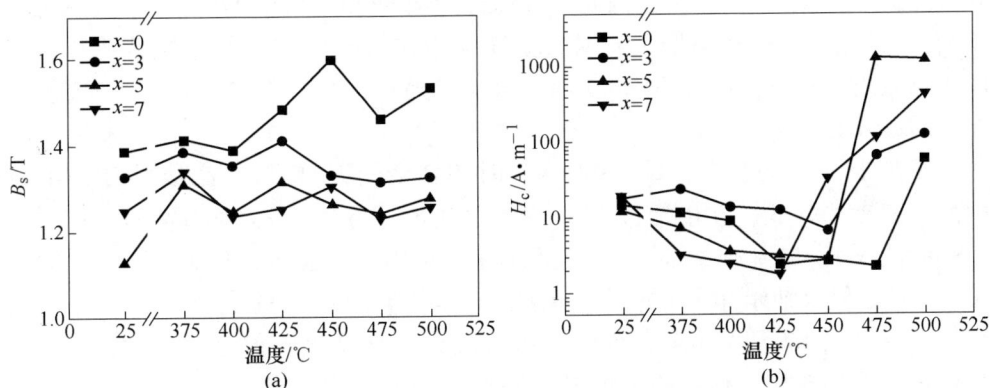

图 5.3 $Fe_{76}Ga_5Ge_5B_{13-x}P_xCu_1$（$x=0$，3，5，7）合金的饱和磁感应强度 B_s（a）和矫顽力 H_c（b）随退火温度的变化图

图 5.3（b）为 $Fe_{76}Ga_5Ge_5B_{13-x}P_xCu_1$（$x=0$，3，5，7）合金的矫顽力 H_c 随退火温度的变化图。退火温度为 375~500 ℃时，合金 H_c 均呈"降低—升高"的

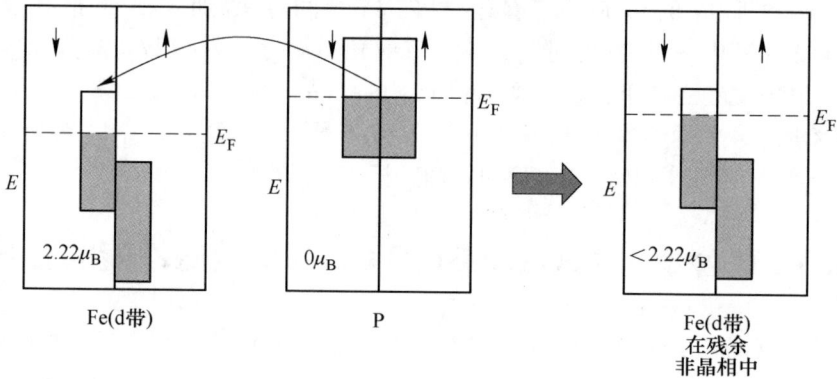

图 5.4　残余非晶相中 Fe 和 P 之间的电子转移示意图

趋势。$x=0$ 的合金在 475 ℃ 时，H_c 达到最低值为 2.26 A/m；$x=3$ 的合金在 450 ℃ 时，H_c 达到最低值为 6.83 A/m；$x=5$ 的合金在 450 ℃ 时，H_c 达到最低值为 2.86 A/m；$x=7$ 的合金在 425 ℃ 时，H_c 达到最低值为 1.77 A/m。对于 $x=0$ 的合金，当退火温度低于 425 ℃ 时，合金处于结构弛豫状态，退火使合金的内应力释放，降低了合金的应力感生各向异性，使得 H_c 降低；当温度退火为 425 ~ 475 ℃ 时，析出了纳米晶，磁晶各向异性平均化，因此随退火温度的升高 H_c 进一步降低；当退火温度为 475 ℃ 时，纳米晶的晶粒尺寸最小，由于晶粒尺寸与矫顽力的关系遵循[128] $H_c \propto D^6$，因此 H_c 最低；当退火温度大于 475 ℃ 时，纳米晶粒逐渐长大，使得 H_c 逐渐增大；退火温度为 500 ℃ 时，H_c 突增，是因为析出了 Fe_3B 硬磁相。$x=3$，$x=5$ 和 $x=7$ 时，合金的矫顽力呈"降低—升高"的趋势，原理同 $x=0$ 时的合金一致。

相对于 $x=0$ 的合金，$x=5$ 和 $x=7$ 时的合金的 H_c 更低。这是因为 P 在 Fe 中的溶解度非常低，在甩带过程中会形成 Cu-P 团簇，为 α-Fe 提供形核点[171]。P 富集在 α-Fe 与基体之间，它的富集稳定了非晶基体，抑制了 α-Fe 的生长[169,172]，使得纳米晶尺寸减小，因此 $x=7$ 时合金的 H_c 的最小。而 $x=3$ 时合金的 H_c 最大，是因为淬态合金已经部分晶化，且晶化体积分数较大，退火后晶粒尺寸增加较快，最终粗大的晶粒降低了纳米晶之间的铁磁耦合交换作用，从而导致 H_c 较大。

图 5.5 为 $x=7$ 时的合金在 425 ℃ 退火后的 TEM 图。从图 5.5（a）中可以看出，合金中晶粒呈圆形且尺寸细小均匀，平均晶粒尺寸约为 9 nm，晶化体积分数合理，有利于纳米晶之间的铁磁耦合交换作用。图 5.5（b）为高分辨图像，从图中进一步确定晶粒尺寸在 9 nm 左右。图 5.5（a）中的选取电子衍射花样中 {110} 晶面族最为明显，{200} 晶面族反而较弱，由于 TEM 样品带材在制作过

程中两面同时减薄，图中的结构为带材的中心位置，这就说明 XRD 中平行于带材表面的 {200} 晶面族仅在带材较浅的位置，带材的中心位置仍是以 {110} 晶面族平行于带材表面存在。

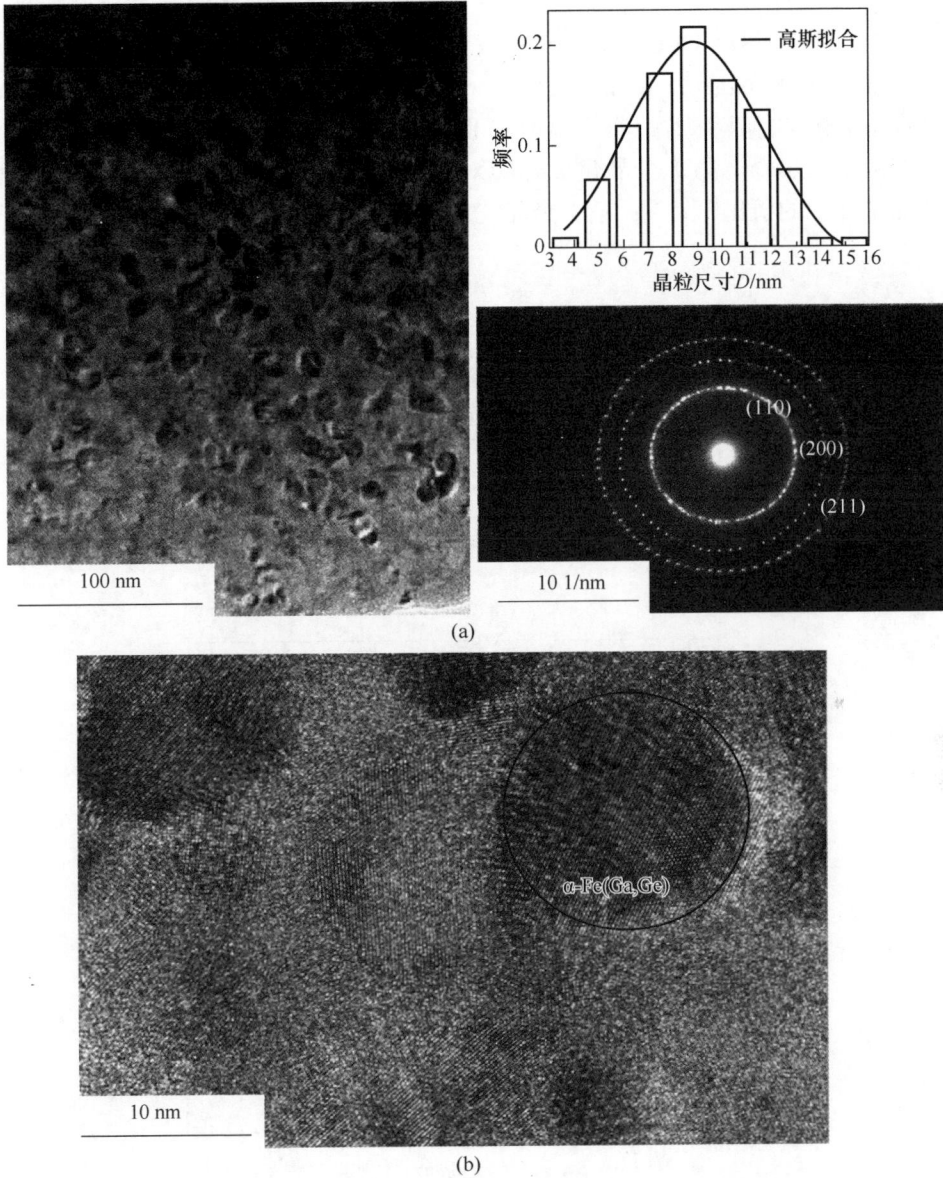

(a)

(b)

图 5.5 $Fe_{76}Ga_5Ge_5B_6P_7Cu_1$ 合金在 425 ℃退火后的选区电子花样衍射（a）和高分辨透射电镜图（b）

5.4　Fe$_{76}$Ga$_5$Ge$_5$B$_6$P$_7$Cu$_1$ 合金的非等温晶化动力学研究

以 Fe$_{76}$Ga$_5$Ge$_5$B$_6$P$_7$Cu$_1$ 合金为例进行了非等温晶化动力学研究，在氮气氛围下，用 NETZSCH-STA449C 型差热分析仪测量了非等温 DSC 曲线，加热速率分别为 5 K/min、15 K/min、25 K/min、35 K/min。图 5.6 （a） 为淬态 Fe$_{76}$Ga$_5$Ge$_5$B$_6$P$_7$Cu$_1$ 合金在不同的加热速率下的非等温 DSC 曲线。从图中可以看出，所有的 DSC 曲线均有两个放热峰。第 1 个晶化放热峰对应一次晶化产物 α-Fe(Ga,Ge) 软磁相从非晶基体中的析出[100,168]；第 2 个晶化放热峰对应 Fe(B,P) 硬磁相从残余非晶

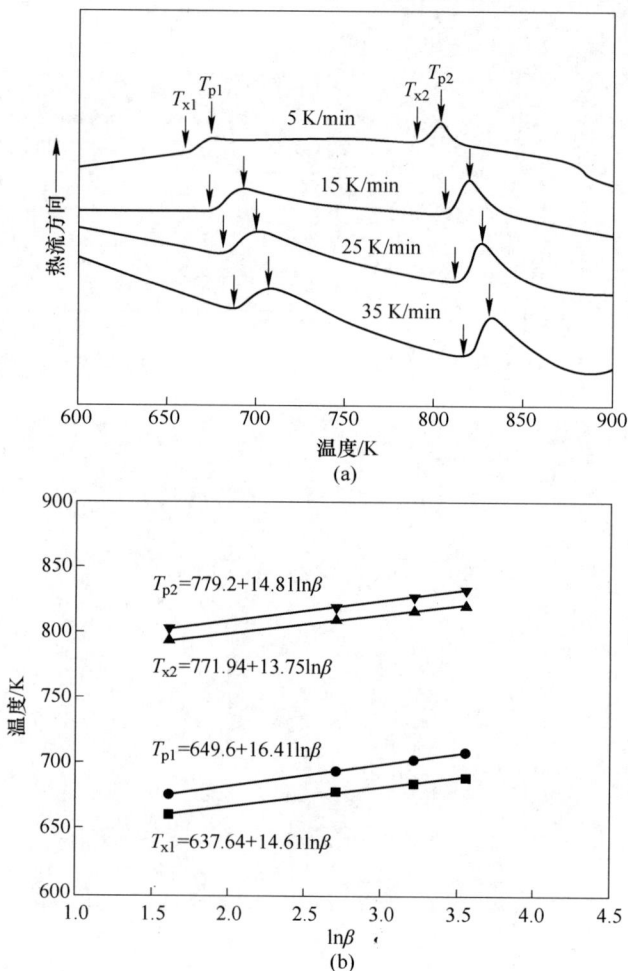

图 5.6　Fe$_{76}$Ga$_5$Ge$_5$B$_6$P$_7$Cu$_1$ 合金在不同加热速率下的 DSC 曲线 （a） 和
特征温度随 lnβ 变化的拟合曲线 （b）

相中的析出[100,173]。图 5.6 中，T_{x1}、T_{x2} 分别为两个放热峰的起始温度，T_{p1}、T_{p2} 分别为峰值温度，具体数值如表 5.2 所示。可以看出，随着加热速率的升高，峰的起始温度和峰值温度均增大，说明非晶合金的晶化表现出较明显的动力学效应，这种动力学效应表明非晶合金的晶化是一个热激活过程[131-132]。从图 5.6 (a) 还可看出，放热峰的形状与加热速率是有关的，随着加热速率的提高，放热峰的半峰宽增加，峰的不对称性加大，DSC 曲线后端的圆弧拖拽现象更加明显。图 5.6 (b) 为特征温度随 $\ln\beta$ 的变化曲线拟合图。特征温度对加热速率的敏感性常用 Lasocka 经验关系式来计算[174]：

$$T = A + B\ln\beta \tag{5.1}$$

式中，T 为特征温度（T_{x1}、T_{p1}、T_{x2}、T_{p2}）；β 为加热速率；A 和 B 为系数。B 是衡量特征温度对加热速率敏感性的系数，因为 B 为拟合曲线的斜率，B 值越大，代表特征温度对加热速率的改变越敏感；B 值越小，特征温度对加热速率的敏感性越差。从图 5.6 (b) 可以看出 T_{p1} 对加热速率的敏感性最大。

表 5.2　淬态 $Fe_{76}Ga_5Ge_5B_6P_7Cu_1$ 合金在不同加热速率下的特征温度　　（K）

加热速率/K·min⁻¹	T_{x1}	T_{p1}	T_{x2}	T_{p2}
5	660.65	676.23	793.98	803.09
15	678.44	693.66	809.3	819.64
25	684.49	702.11	816.33	826.43
35	689.04	708.41	820.63	832.22

　　为了分析 $Fe_{76}Ga_5Ge_5B_6P_7Cu_1$ 非晶合金的晶化行为和热稳定性，通过 Kissinger 方程[133]（见式 (4.2)）和 Ozawa 方程[134]（见式 (4.3)）计算了初始表观激活能（E_x）和晶化表观激活能（E_a）。

　　以 Kissinger 方程为例，$1/T$（T 为温度）为 X 轴，$\ln(\beta/T^2)$ 为 Y 轴，将表 5.2 中不同升温速率（β）对应的特征温度（如 T_{x1}）代入可得到 4 个点，对这 4 个点进行线性拟合，根据斜率即可求出表观激活能，如第 1 个峰的初始表观激活能 E_{x1} 为（245.86±3.9）kJ/mol，依此方法，根据 T_{p1}、T_{x2}、T_{p2} 分别对应求出第 1 个峰的晶化表观激活能 E_{a1} =（230.62±0.83）kJ/mol，第 2 个峰的初始表观激活能 E_{x2} =（379.84±2.77）kJ/mol，第 2 个峰的晶化表观激活能 E_{a2} =（360.58±3.384）kJ/mol。通过 Ozawa 方程计算得出，E_{x1} =（244.45±14.7）kJ/mol，E_{a1} =（230.24±6.45）kJ/mol，E_{x2} =（373.96±21.68）kJ/mol，E_{a2} =（355.8±26.68）kJ/mol。从图 5.7 中可以看出，数据点几乎都在拟合的直线上，说明利用 Kissinger 和 Ozawa 方程计算 $Fe_{76}Ga_5Ge_5B_6P_7Cu_1$ 非晶薄带的激活能是合理的。表观激活能代表原子间的相互作用，激活能越大，原子间的相互作用越强，即结晶过程中需要克服的能垒越高，说明热稳定性越高[131]。

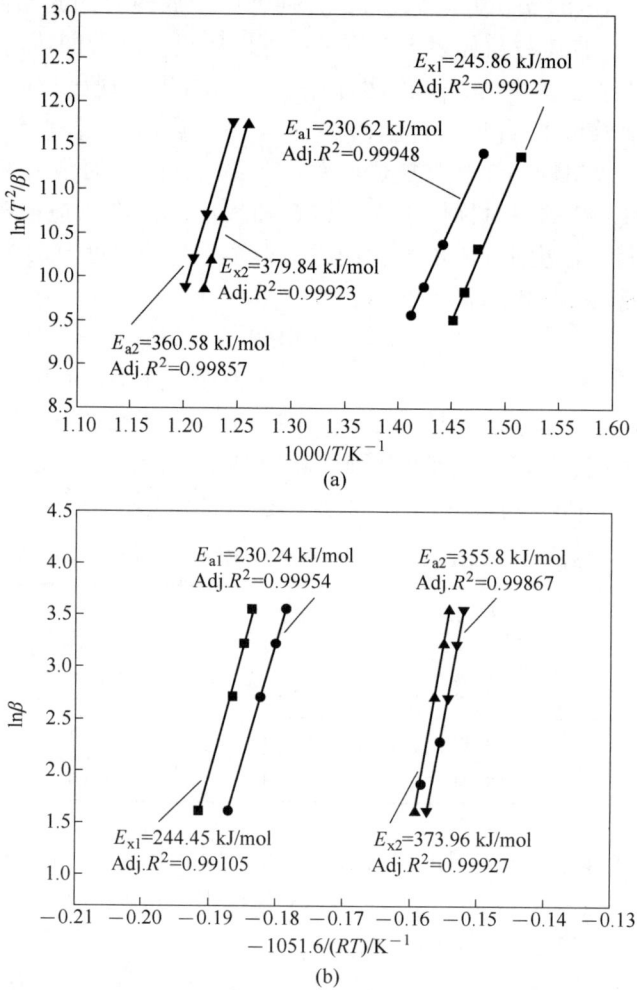

图 5.7　淬态 $Fe_{76}Ga_5Ge_5B_6P_7Cu_1$ 合金采用 Kissinger（a）和 Ozawa（b）方程的拟合图

　　可以看出利用上述两种方法计算的表观激活能均为 $E_{x1}>E_{a1}$，表明生成 α-Fe(Ga,Ge) 形核所需的能垒大于长大所需的能垒。这可能是由于 $Fe_{76}Ga_5Ge_5B_6P_7Cu_1$ 合金中有 Ga 和 Ge，由于 Ga 和 Ge 为大尺寸原子，形核过程中原子扩散受阻，导致形核过程需要克服更高的能垒。当 Ga 和 Ge 通过扩散与 Fe 形核后，在残余非晶相内留下较大的原子间隙，为后续原子的扩散提供通道，导致晶粒长大过程中的扩散阻力小于形核过程，宏观表现为长大激活能小于形核激活能。可见，由于 P 在 Fe 中的溶解度非常低，$Fe_{76}Ga_5Ge_5B_6P_7Cu_1$ 合金的晶化机制与前文中的 $Fe_{76}Ga_5Ge_5B_{13}Cu_1$ 合金类似。另外，$E_{a2}>E_{a1}$，表明析出 Fe(B,P) 硬磁相所需克服

的能垒大于生成 α-Fe(Ga,Ge) 所需克服的能垒。

图 5.8 为在不同加热速率下 DSC 曲线中每个峰的晶化体积分数 α 随温度的变化图。α 可以用式（4.4）来计算[137]。

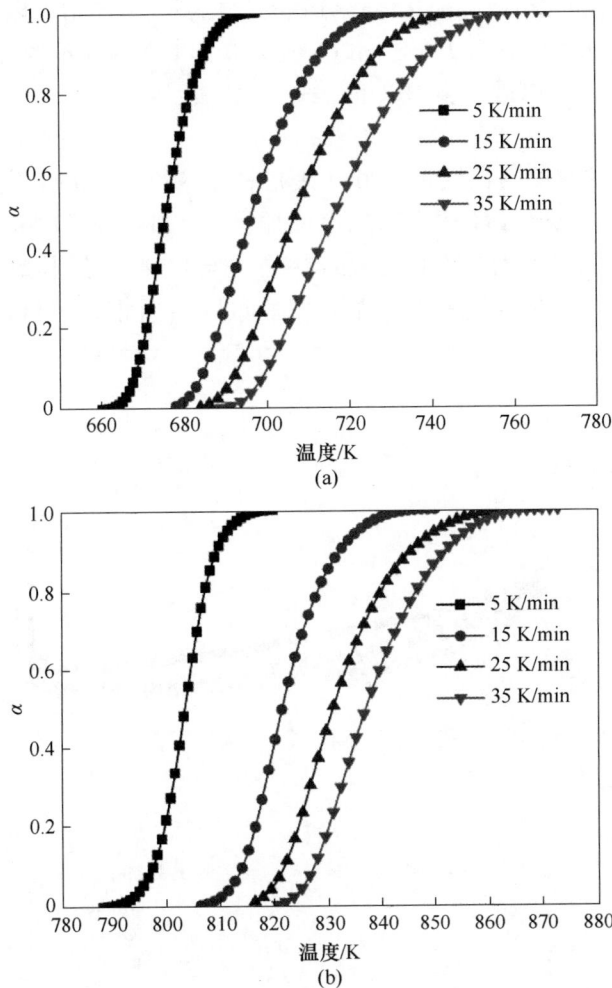

图 5.8　在不同的加热速率下第 1 个峰（a）和
第 2 个峰（b）晶化体积分数 α 随温度的变化

从图中可以看出，在所有的加热速率下，随着温度的升高，晶化体积分数曲线均呈 S 形分布，表明 Fe$_{76}$Ga$_5$Ge$_5$B$_6$P$_7$Cu$_1$ 合金的晶化过程可以分为三个阶段：第一阶段：α=0，晶化反应还未进行，0<α<0.1，形核占主导地位，晶化速率很小；第二阶段：0.1≤α≤0.9，随着晶化体积的不断增加，体积自由能下降，晶态和非晶态之间的界面增加，使得界面自由能增加；第三阶段：0.9<α<1，晶态

和非晶态之间的界面能减小，晶化逐渐停止，$\alpha = 1$，晶化反应已经停止[139-140]。

晶化过程中局域的 Avrami 指数 n 常用来分析晶化机理。非晶等温晶化的 JMAK 方程[148]见式（4.6）。

图 5.9 为 Avrami 指数随晶化体积分数的变化图。从图中可以看出第 1 个峰和第 2 个峰 n 值分布均在 0 到 2.5 之间（α 逼近 0 和 1 的情况不考虑）。晶化过程中的形核和长大行为可以进一步用以下公式[140-141]表示：

$$n = a + bp \tag{5.2}$$

式中，a 为与形核有关的参数，$a = 0$ 代表形核率为 0，$0 < a < 1$ 代表形核率下降，$a = 1$ 代表形核率不变，$a > 1$ 代表形核率增加；b 为和生长维度有关的参数，b 可以取值 1、2、3；p 为与生长方式有关的参数，$p = 0.5$ 代表扩散型生长，$p = 1$ 代表界面型生长。已有研究表明铁基非晶合金是通过扩散生长的，因此 $p = 0.5$[146,151]。

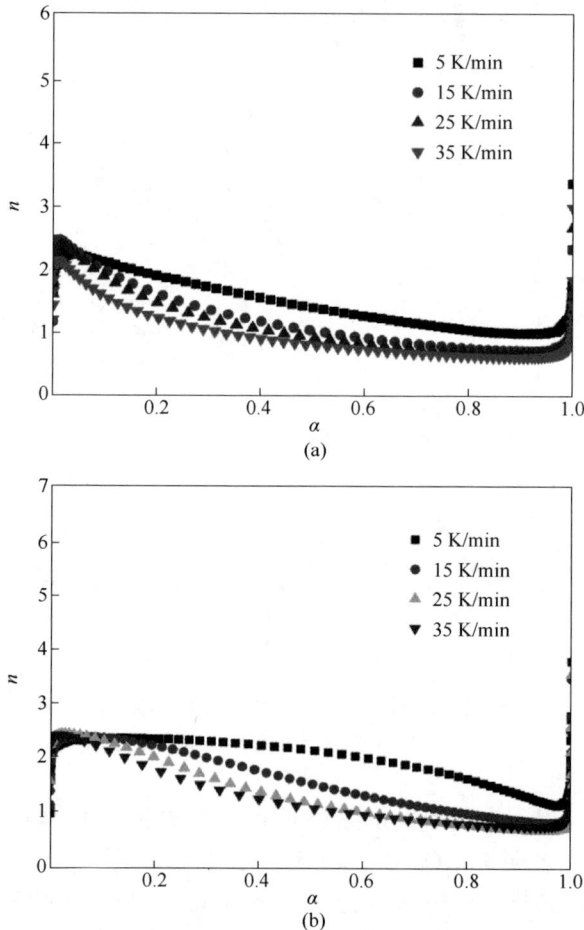

图 5.9　第 1 个峰（a）和第 2 个峰（b）的 Avrami 指数 n 随 α 的变化

总之，当 $1.5<n<2.5$，代表合金在形核的同时在已有晶核的位置开始生长，且形核率下降。当 $n \leqslant 1.5$，形核率为 0，晶体呈扩散型生长。

表 5.3 所示为 DSC 曲线中第 1 个峰的机理表征参数。当 $\beta = 5$ K/min，$0<\alpha \leqslant 0.4$ 时，$0<a<1$，表明晶化初期，在形核的同时预先存在的晶核也在长大，且形核率不断下降；$0.4<\alpha<1$ 时，$a = 0$，表明合金已经不再形核。当 $\beta = 15$ K/min、25 K/min，$0<\alpha \leqslant 0.2$ 时，$0<a<1$，形核率减小；$0.2<\alpha<1$ 时，$a = 0$，形核率为 0。当 $\beta = 35$ K/min，$0<\alpha \leqslant 0.1$ 时，$0<a<1$，形核率减小；$0.1<\alpha<1$ 时，$a = 0$，形核率为 0。由此可见，升温速率较低时，形核过程跨越范围较大，而预先存在的晶核率先长大，这将导致合金中析出的纳米晶颗粒尺寸差别较大；当升温速率较高时，合金的形核过程集中在晶化体积分数较低时，随着晶化体积分数的增加，新形成的晶核和预先存在的晶核几乎同步长大，最终形成尺寸均匀的纳米晶组织。因此对于非完全非晶结构的合金，较快的升温速率更利于形成均匀的纳米晶组织。

表 5.3 第 1 个峰晶化机理的表征参数

加热速率/K·min⁻¹	α	n	a	b	p
5	$0<\alpha \leqslant 0.4$	$1.5<n<2.5$	$0<a<1$	3	0.5
	$0.4<\alpha<1$	$n \leqslant 1.5$	$a = 0$	3	0.5
15、25	$0<\alpha \leqslant 0.2$	$1.5<n<2.5$	$0<a<1$	3	0.5
	$0.2<\alpha<1$	$n \leqslant 1.5$	$a = 0$	3	0.5
35	$0<\alpha \leqslant 0.1$	$1.5<n<2.5$	$0<a<1$	3	0.5
	$0.1<\alpha<1$	$n \leqslant 1.5$	$a = 0$	3	0.5

表 5.4 所示 DSC 曲线中第 2 个峰的机理表征参数。当 $\beta = 5$ K/min，$0<\alpha \leqslant 0.8$ 时，形核率下降；$0.8<\alpha<1$ 时，形核率为 0。当 $\beta = 15$ K/min，$0<\alpha \leqslant 0.5$ 时，形核率减小；$0.5<\alpha<1$ 时，形核率为 0。当 $\beta = 25$、35 K/min，$0 \leqslant \alpha \leqslant 0.3$ 时，形核率减小；$0.3<\alpha<1$ 时，形核率为 0。可见升温速率较低时，第 2 个峰的形核过程跨度更大，这种持续性的边形核边长大的状态会导致晶粒尺寸不均匀，当升温速率升高时，形核过程跨度较小，晶化过程表现为先形核，然后预先存在的晶核和新形成的晶核几乎同步长大，进一步说明对于非完全非晶合金，快速升温更有利于集中形核、晶核同步长大。

表 5.4 第 2 个峰晶化机理的表征参数

加热速率/K·min⁻¹	α	n	a	b	p
5	$0<\alpha \leqslant 0.8$	$1.5<n<2.5$	$0<a<1$	3	0.5
	$0.8<\alpha<1$	$n \leqslant 1.5$	$a = 0$	3	0.5

加热速率/K·min^{-1}	α	n	a	b	p
15	$0<\alpha\leqslant0.5$	$1.5<n<2.5$	$0<a<1$	3	0.5
	$0.5<\alpha<1$	$n\leqslant1.5$	$a=0$	3	0.5
25、35	$0<\alpha\leqslant0.3$	$1.5<n<2.5$	$0<a<1$	3	0.5
	$0.3<\alpha<1$	$n\leqslant1.5$	$a=0$	3	0.5

5.5   升温速率对 $Fe_{76}Ga_5Ge_5B_6P_7Cu_1$ 合金软磁性能的影响

起始磁导率 μ_i 和矫顽力 H_c 是组织结构敏感参数，它们的大小取决于晶粒尺寸 D 及其分布情况，当晶粒尺寸小于铁磁耦合交换作用长度 L_{ex} 时，晶粒均匀弥散分布，有利于提高纳米晶相间的磁交换耦合作用，进而改善合金的综合软磁性能[128]。图 5.10 为不同升温速率下 μ_i 和 H_c 随退火温度的变化图。可以看出，随着退火温度的增加，μ_i 均呈先增加后降低的趋势，H_c 均呈先下降后升高的趋势，这是因为随着温度的升高，合金中的应力得到释放，且逐渐析出纳米晶，由于 $H_c\propto D^6$，$\mu_i\propto D^{-6}$[128]，当晶粒尺寸较小时，合金的软磁性能最佳。退火温度继续升高，纳米晶的晶粒尺寸逐渐增大，因此 μ_i 减小，H_c 增大。当升温速率为 10 ℃/min 时，μ_i 较低，H_c 较高，这是由于升温速率较低，预先存在的晶核在升温过程中先长大，与新形成的晶核长大不同步，导致晶粒尺寸不均匀，如图 5.11 （a）所示。根据图 5.11 （a）插图中的选区电子衍射（SAED）花样可知，合金以 10 ℃/min 的升温速率在 400 ℃退火后的析出相为 α-Fe，但由于升温速率较低，析出相结构出现了多个晶粒融合的现象，导致晶粒尺寸差更大，经高斯拟合发现晶粒尺寸范围跨度大，恶化了纳米晶之间的磁交换耦合作用，使得软磁性能较差。当升温速率为 100 ℃/min 时，μ_i 较大，H_c 较小，在 425 ℃时，软磁性能最优，μ_i 为 2.28×10^4、H_c 为 1.77 A/m。这是因为当升温速率较高时，合金在短时间内集中形核，新形成的晶核和预先存在的晶核几乎同步长大，最终形成尺寸均匀的纳米晶组织，如图 5.11 （b）所示，经 Gauss 拟合，合金的晶粒尺寸集中在 7~9 nm，细小均匀的纳米晶之间较强的磁交换耦合作用极大地改善了合金的软磁性能。这同时也验证了前面非等温晶化动力学的分析，即对于非完全非晶结构的合金，退火时升温速率越快，晶粒尺寸越均匀，软磁性能越好。

基于以上分析，并结合第 4 章 $Fe_{76}Ga_5Ge_5B_{13}Cu_1$ 合金的晶化动力学分析，图 5.12 给出了 FeGaGeB(P)Cu 合金的晶化示意图。由于淬态合金中存在晶核或者团簇，当退火过程中升温速率较低时，合金的形核过程跨度较长，导致预先存在的晶核先长大,而新晶核后长大,这种长大不同步的现象,使得析出的纳米晶尺寸不均匀,并出现多个晶粒融合的现象,进一步增加晶粒尺寸差。当升温速率较高时,合金在短时间内形核,且预先存在的晶核和新形成的晶核几乎同步长大,易形成致密均匀的纳米晶组织,提高了合金的软磁性能。这与升温速率对 Nanomet 合金[37]影响的结论是一致的,与升温速率对 $Fe_{81.5}Si_{0.5}B_{4.5}P_{11}Cu_{0.5}C_2$ 合金[38]影响的结论是相反的,这是因为与 $Fe_{81.5}Si_{0.5}B_{4.5}P_{11}Cu_{0.5}C_2$ 合金相比,FeGaGeB(P)Cu 与 Nanomet 淬态合金中存在较多的晶粒或团簇。

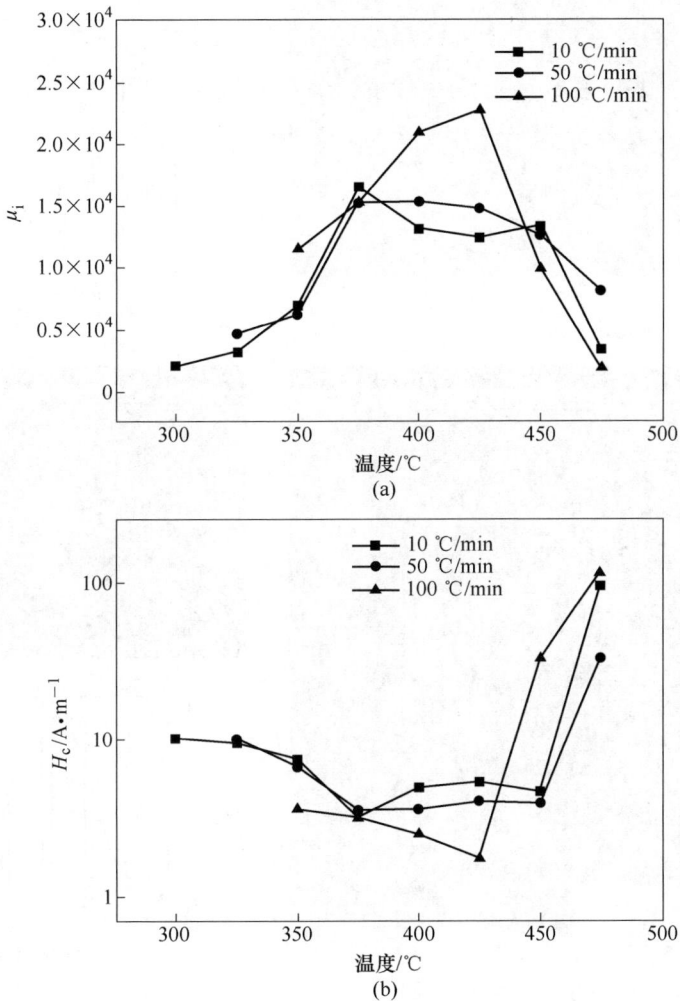

图 5.10 不同升温速率下起始磁导率 μ_i (a) 和矫顽力 H_c (b) 随退火温度的变化

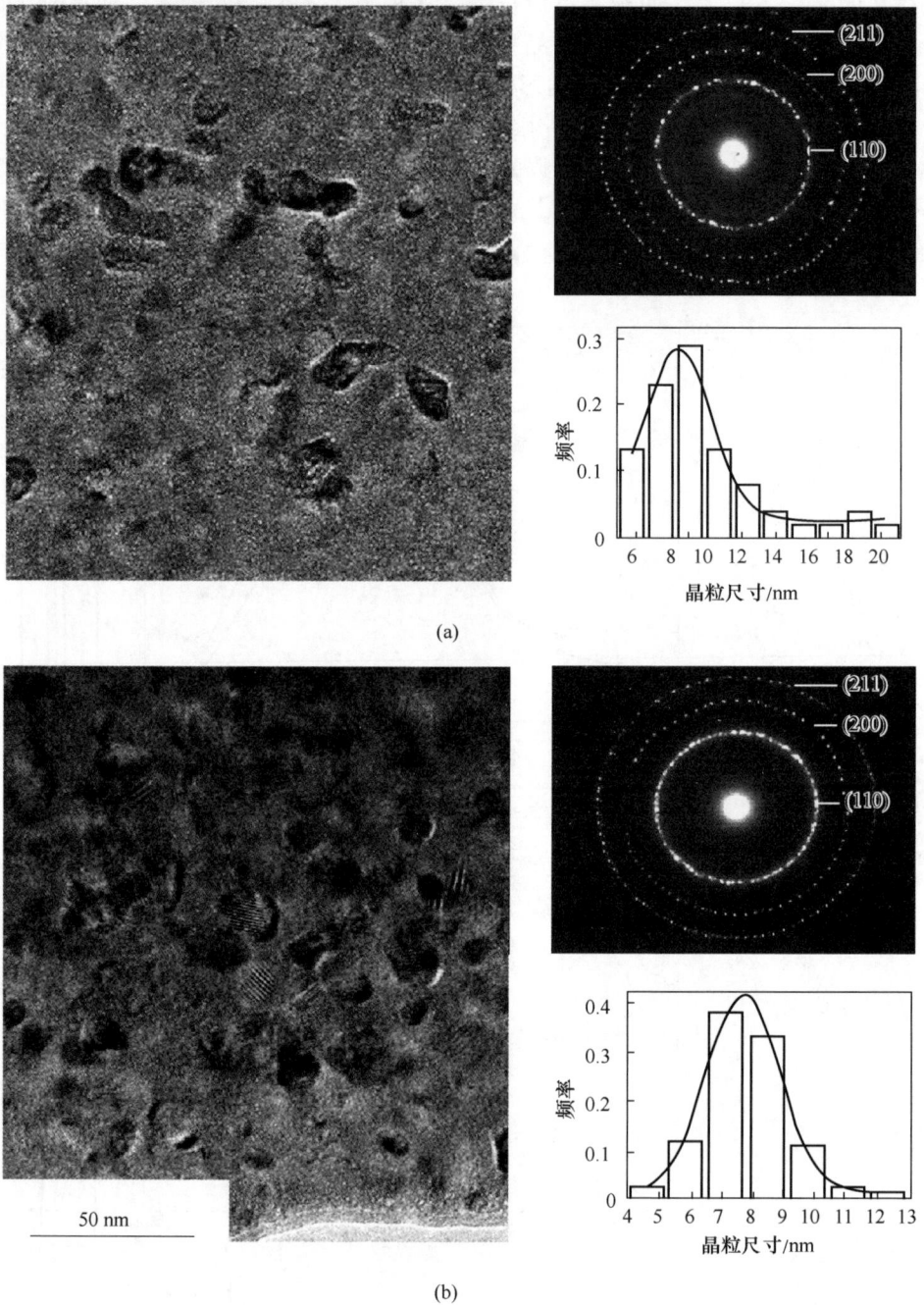

图 5.11　不同升温速率和退火温度下 Fe$_{76}$Ga$_5$Ge$_5$B$_6$P$_7$Cu$_1$ 合金退火后的 TEM 及 SAED 花样

（a）升温速率 10 ℃/min，退火温度 400 ℃；（b）升温速率 100 ℃/min，退火温度 425 ℃

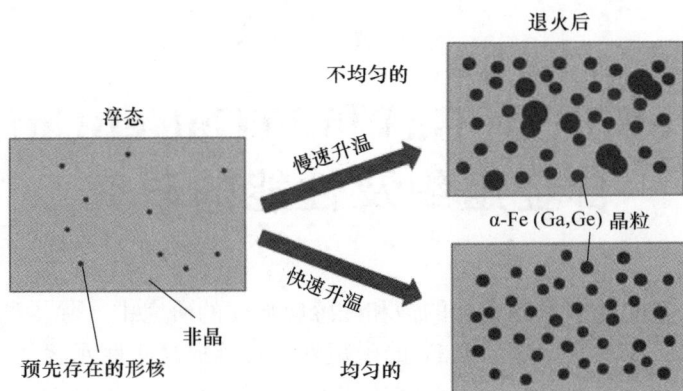

图 5.12　FeGaGeB(P)Cu 合金晶化示意图

5.6　本章小结

本章通过单辊旋淬法制备了 $Fe_{76}Ga_5Ge_5B_{13-x}P_xCu_1$（$x = 0$，3，5，7）淬态合金，对合金进行了真空退火处理，分析了 P 元素含量变化对合金非晶形成能力、热稳定性和软磁性能的影响，探索了残余非晶相中元素间的电子转移效应，并对 $Fe_{76}Ga_5Ge_5B_6P_7Cu_1$ 合金进行了晶化动力学分析。

（1）添加 P 元素导致淬态合金部分晶化，初晶相析出温度降低，使合金的非晶形成能力略有下降，但增加了 α-Fe(Ga,Ge) 相的析出范围。此外，P 含量原子分数高于 5% 时，接近表层位置的晶粒以 {200} 晶面族平行于带材表面存在，而合金内部仍以 {110} 晶面族平行于带材表面存在。

（2）P 添加导致合金残余非晶相中 P 的自由电子向 Fe 转移，使得 Fe 原子磁矩以及 B_s 降低，同时由于 P 在 Fe 中的溶解度非常低，在甩带的过程中会形成 Cu-P 团簇，为 α-Fe 提供形核点，使得纳米晶晶粒尺寸减小，降低了合金的矫顽力。

（3）P 含量原子分数 7% 时，在 425 ℃退火后 H_c 最佳为 1.77 A/m，此时 μ_i 为 2.28×10^4，B_s 为 1.25 T，合金的晶粒尺寸约为 9 nm。

（4）对于非完全非晶结构的合金，快速升温的退火工艺更容易得到均匀弥散的纳米晶组织。

6 FeNiBCu(Ga) 和 FeGaGeBCu(M) 合金组织及性能的研究

在提高铁基非晶纳米晶合金的饱和磁感应强度的研究中，除了通过添加特定的元素（如 Ga、Ge 等）来调控 Fe 的磁矩外，直接提高磁性元素（Fe、Co、Ni）的含量也是一种重要的思路。本章将从加入 Ni 元素和直接提高 Fe 含量两个方面来提高合金的饱和磁感应强度。Ni 元素可以有效地改善铁镍基非晶合金和坡莫合金的软磁性能[152-154]，且 Ni 在铁中有比较大的溶解度，Ni 可以提高过冷液相区的稳定性[155-157]；朱乾科等的研究表明[105]，Ga 在增加 Fe 原子磁矩的同时，还可以提供形核点，因此第一部分研究内容以 $Fe_{76}Ni_5B_{18}Cu_1$ 合金为基础，研究 Ga 元素的添加对 $Fe_{76}Ni_5B_{18-x}Cu_1Ga_x$（$x=0$，0.5，1，1.5）合金组织和性能的影响。第二部分研究内容为直接提高 Fe 的原子分数为 80%，并加入 Nb 或者 Zr 元素来提高合金的非晶形成能力，Nb 和 Zr 为大原子分子，J. Torrens-Serra 等的研究[158]表明，添加 Nb 元素，可以阻碍 α-Fe 长大。另有研究表明[159]，Nb 可以增加非晶合金的热稳定性，然而，Nb 掺杂 FeNbB 合金的饱和磁感应强度低于 Zr 掺杂 FeZrB 合金[160]。Makino 等[161]研究了（$Fe_{90}Zr_7B_3$）$_{1-x}$（$Fe_{84}Nb_7B_9$）$_x$ 合金，通过结合 FeZrB 和 FeNbB，他们发现，当 Zr 和 Nb 的总原子分数为 6%时，磁性能得到改善。

6.1 添加 Ga 对 FeNiBCu(Ga) 合金非晶形成能力和热稳定性的影响

图 6.1 为淬态 $Fe_{76}Ni_5B_{18-x}Cu_1Ga_x$（$x=0$，0.5，1，1.5）合金的 XRD 图谱。从图中可以看出，$Fe_{76}Ni_5B_{18-x}Cu_1Ga_x$（$x=0$，0.5，1）合金在 $2\theta=44°$ 左右处为漫散射峰，说明合金均为非晶态，而 $Fe_{76}Ni_5B_{16.5}Cu_1Ga_{1.5}$ 合金在 $2\theta=44°$ 左右处在漫散射峰的基础上，还有一个尖峰。经 PDF 卡片对比，确认该衍射峰为 Fe_3B 相，这说明合金已部分晶化。随着 Ga 元素含量的增加，XRD 图谱的漫散射峰逐渐有变尖的趋势，说明合金的非晶形成能力逐渐变差。同时在制备带材的过程中发现，$Fe_{76}Ni_5B_{18-x}Cu_1Ga_x$（$x=0$，0.5，1）母锭合金可以制备为光滑平整的条带，而 $Fe_{76}Ni_5B_{16.5}Cu_1Ga_{1.5}$ 合金不能制备为连续的条带，而是断断续续的残渣，这也说明 $Fe_{76}Ni_5B_{16.5}Cu_1Ga_{1.5}$ 合金的非晶形成能力相对较差，因为

$Fe_{76}Ni_5B_{16.5}Cu_1Ga_{1.5}$ 合金已部分晶化，且没有制备出完整的条带，所以后续文章中不再讨论。在 FeNiBCuGa 合金中，仅有 B 原子为小原子，当 Ga 逐渐取代 B 的时候，合金的大原子占比较多，一方面，使得原子尺寸差范围较小，混乱度较低；另一方面，Ga 和其他元素之间的负混合熔也相对较小[127]（见图 6.2）。因此，随着 Ga 元素的逐渐增加，合金的非晶形成能力逐渐变差。

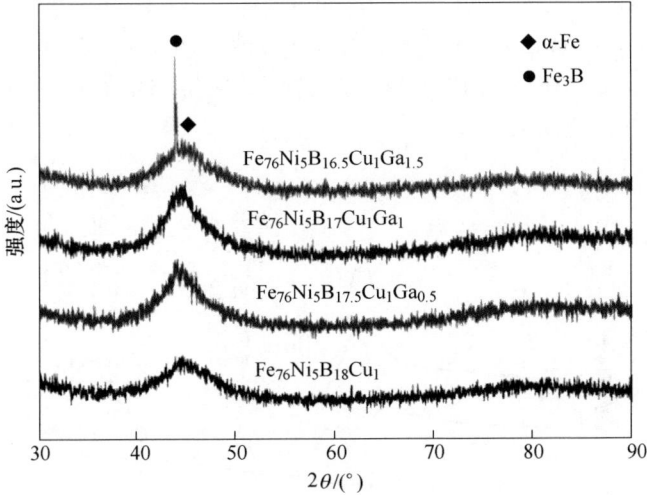

图 6.1　淬态 $Fe_{76}Ni_5B_{18-x}Cu_1Ga_x$（$x=0$，0.5，1，1.5）合金的 XRD 图谱

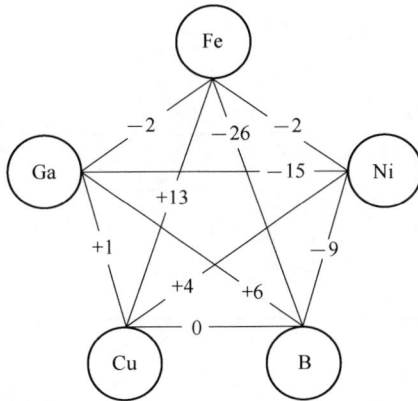

图 6.2　FeNiBCuGa 合金体系元素间的混合熔（单位：kJ/mol）

图 6.3 为淬态 $Fe_{76}Ni_5B_{18-x}Cu_1Ga_x$（$x=0$，0.5，1）合金在加热速率为 35 ℃/min 下的 DSC 图谱。从图中可以看出，$Fe_{76}Ni_5B_{18}Cu_1$ 合金的 DSC 曲线上仅

有一个放热峰，而 $Fe_{76}Ni_5B_{17.5}Cu_1Ga_{0.5}$ 和 $Fe_{76}Ni_5B_{17}Cu_1Ga_1$ 合金均有两个放热峰，并进行了分峰处理。第 1 个峰对应于 α-Fe 相的析出，第 2 个峰对应于顺磁相、硬磁相的析出。放热峰的特征温度（包括第 1 个峰的起始温度（T_{x1}）、第 1 个峰的峰值温度（T_{p1}）、第 2 个峰的起始温度（T_{x2}）、第 2 个峰的峰值温度（T_{p2}））见表 6.1。随着 Ga 含量增加，T_{x1} 逐渐减小，T_{p1} 先减小后增加，T_{x2} 和 T_{p2} 均增大。$Fe_{76}Ni_5B_{18}Cu_1$ 合金的 T_{p1} 为 463 ℃，介于 $Fe_{76}Ni_5B_{17.5}Cu_1Ga_{0.5}$ 和 $Fe_{76}Ni_5B_{17}Cu_1Ga_1$ 合金的 T_{p1} 和 T_{p2} 之间，这可能是由于 $Fe_{76}Ni_5B_{18}Cu_1$ 合金的 DSC 曲线中两个峰重合，在后文中将分析。随着 Ga 含量的增加，α-Fe 相的析出窗口增加，合金的热稳定性增加。

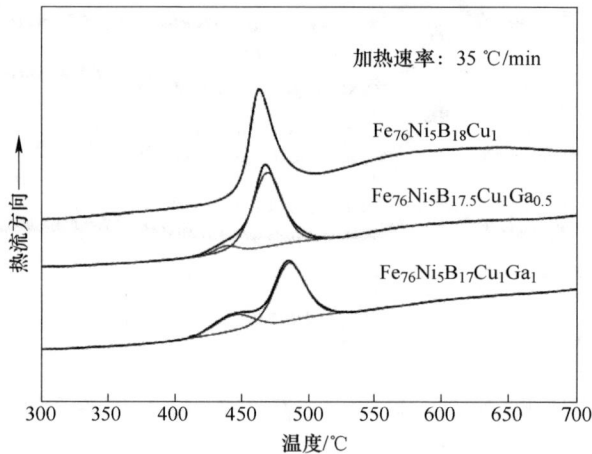

图 6.3　淬态 $Fe_{76}Ni_5B_{18-x}Cu_1Ga_x$（$x=0$，0.5，1）合金的 DSC 图谱

表 6.1　$Fe_{76}Ni_5B_{18-x}Cu_1Ga_x$（$x=0$，0.5，1）合金 DSC 图谱的特征温度　　（℃）

合金成分	T_{x1}	T_{p1}	T_{x2}	T_{p2}
$Fe_{76}Ni_5B_{18}Cu_1$	425	463		
$Fe_{76}Ni_5B_{17.5}Cu_1Ga_{0.5}$	415	437	442	469
$Fe_{76}Ni_5B_{17}Cu_1Ga_1$	411	445	458	485

6.2　退火温度对 FeNiBCuGa 合金组织结构的影响

将 $Fe_{76}Ni_5B_{18-x}Cu_1Ga_x$（$x=0$，0.5，1）合金在 300~425 ℃进行真空退火，退火的加热速率为 100 ℃/min，保温时间为 1 min。将退火后的合金用 X 射线衍射仪进行检测。图 6.4（a）为 $Fe_{76}Ni_5B_{18}Cu_1$ 合金退火后的 XRD 图，可以看出，退

火温度为 375 ℃以下时，合金处在结构弛豫状态，仍表现为非晶结构；当退火温度为 375 ℃时，在 $2\theta = 44°$ 左右的漫散射峰开始锐化，这表明 Fe 原子的最近邻配位数已经发生变化，Fe 原子聚集，有形成 α-Fe 的趋势；当退火温度升至 400 ℃时，合金开始晶化，析出 α-Fe 相；当退火温度升到 425 ℃时，合金中析出了 Fe_3Ni_3B、Fe_3B 硬磁相和 $(Fe,Ni)_{23}B_6$ 顺磁相。因此可以判断，在 DCS 曲线中，$Fe_{76}Ni_5B_{18}Cu_1$ 合金的第 1 个峰和第 2 个峰重合。图 6.4（b）为 $Fe_{76}Ni_5B_{18}Cu_1$ 合金在退火温度为 400 ℃的 XRD 曲线分峰拟合图，图中尖峰为晶化相，漫散射峰为非晶态，经计算得到晶化体积分数为 26.35%。

图 6.4（c）为 $Fe_{76}Ni_5B_{17.5}Cu_1Ga_{0.5}$ 合金退火后的 XRD 图，可以看出合金在退火温度为 300 ℃时已经开始晶化，这也验证了前面 DSC 的分析，加入 Ga 元素后，第 1 个放热峰的起始晶化温度降低。当退火温度为 375 ℃时，合金中析出了 Fe_3B 硬磁相。

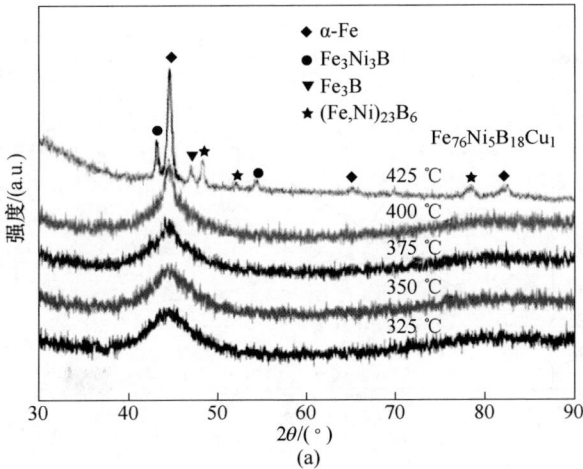

(a)

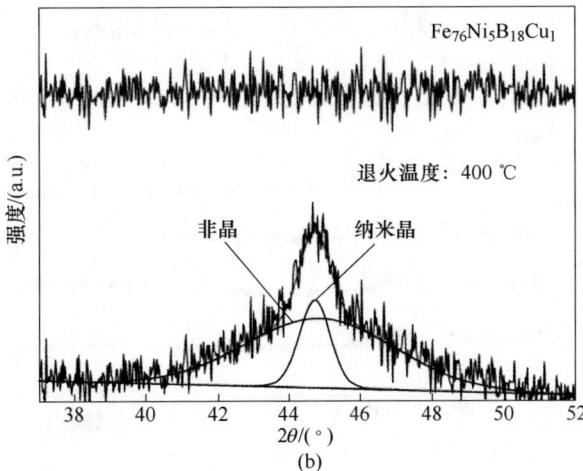

(b)

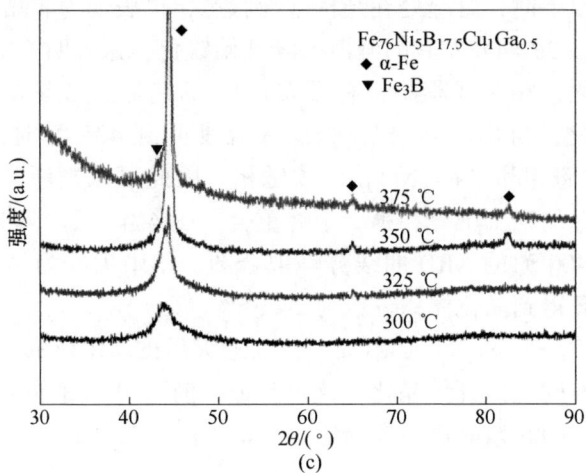

(c)

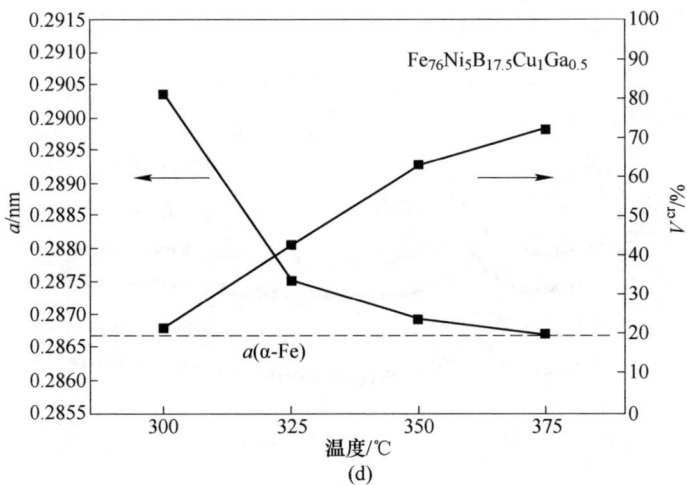

(d)

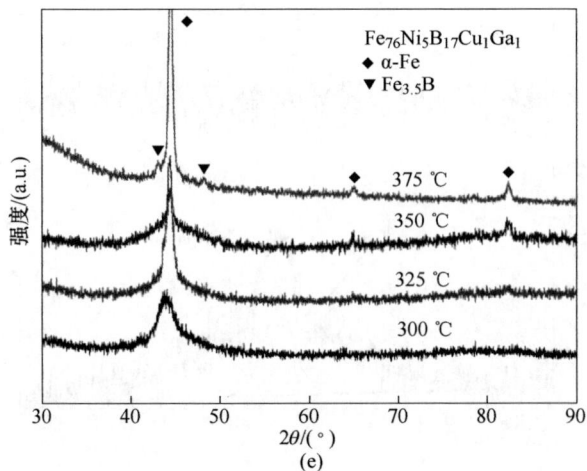

(e)

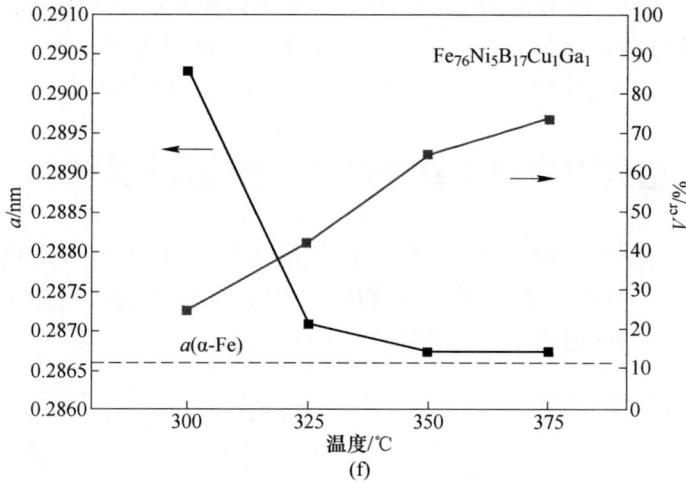

图 6.4 在不同的退火温度下 $Fe_{76}Ni_5B_{18}Cu_1$ 合金的 XRD 图（a），

退火温度为 400 ℃时 $Fe_{76}Ni_5B_{18}Cu_1$ 合金 XRD 曲线分峰拟合（b），

$Fe_{76}Ni_5B_{17.5}Cu_1Ga_{0.5}$ 合金的 XRD 图（c），$Fe_{76}Ni_5B_{17.5}Cu_1Ga_{0.5}$ 合金中晶格常数 a 和

晶化体积分数 V^{cr} 随温度的变化（d），$Fe_{76}Ni_5B_{17}Cu_1Ga_1$ 合金的 XRD 图（e）和

$Fe_{76}Ni_5B_{17}Cu_1Ga_1$ 合金中晶格常数 a 和晶化体积分数 V^{cr} 随温度的变化（f）

图 6.4（d）为 $Fe_{76}Ni_5B_{17.5}Cu_1Ga_{0.5}$ 合金晶格常数 a 和晶化体积分数 V^{cr} 随退火温度的变化图。随着退火温度的升高，晶化体积分数逐渐增大，当退火温度为 350 ℃时，晶化体积分数为 62.95%。晶格常数不断减小，这是由于 Ni 在 Fe 中固溶含量变化引起的。首先 Ni 可以固溶在 Fe 中，且 Ni 原子的半径大于 Fe 原子的半径，当退火温度为 300 ℃时，析出纳米晶相大多为 α-(Fe,Ni)，因此晶格常数为 0.29037 nm，大于纯铁的晶格常数（0.28664 nm）。合金中 Ni 的原子分数含量仅为 5%，随着退火温度的升高，Ni 元素被耗尽，更多的 α-Fe 进一步析出，Ni 在 α-Fe 中的含量减小，因此晶格常数减小，但最终 $Fe_{76}Ni_5B_{17.5}Cu_1Ga_{0.5}$ 合金的晶格常数还是大于纯铁的。

图 6.4（e）为 $Fe_{76}Ni_5B_{17}Cu_1Ga_1$ 合金退火后的 XRD 图。从图中可以看出，$Fe_{76}Ni_5B_{17}Cu_1Ga_1$ 合金在退火温度为 300 ℃时，已经开始晶化，且和 $Fe_{76}Ni_5B_{17.5}Cu_1Ga_{0.5}$ 合金在 300 ℃的 XRD 曲线相比，晶化峰更尖锐，这说明 $Fe_{76}Ni_5B_{17}Cu_1Ga_1$ 合金在 300 ℃以下就已经开始发生晶化，也验证了之前 DSC 图中的分析，随着 Ga 含量的增加，α-Fe 的起始晶化温度降低。当退火温度升至 375 ℃时，合金中析出了 $Fe_{3.5}B$ 硬磁相。图 6.4（f）为 $Fe_{76}Ni_5B_{17}Cu_1Ga_1$ 合金的晶格常数 a 和晶化体积分数 V^{cr} 随退火温度的变化图。与 $Fe_{76}Ni_5B_{17.5}Cu_1Ga_{0.5}$ 合

金的变化规律一致，随着退火温度的升高，晶化体积分数逐渐升高，晶格常数逐渐降低。而且与 $Fe_{76}Ni_5B_{17.5}Cu_1Ga_{0.5}$ 合金相比，晶格常数并未发生较大的变化，这说明 Ga 含量的少量改变，并未对合金的微观结构造成影响。

6.3　退火温度对 FeNiBCuGa 合金软磁性能的影响

将退火后的合金带材用 VSM 和 B-H 仪分别测试了合金的饱和磁感应强度（B_s）和矫顽力（H_c）及起始磁导率（μ_i），图 6.5 为 $Fe_{76}Ni_5B_{18-x}Cu_1Ga_x$（$x=0$，0.5，1）合金在不同退火温度下软磁性能的变化图。

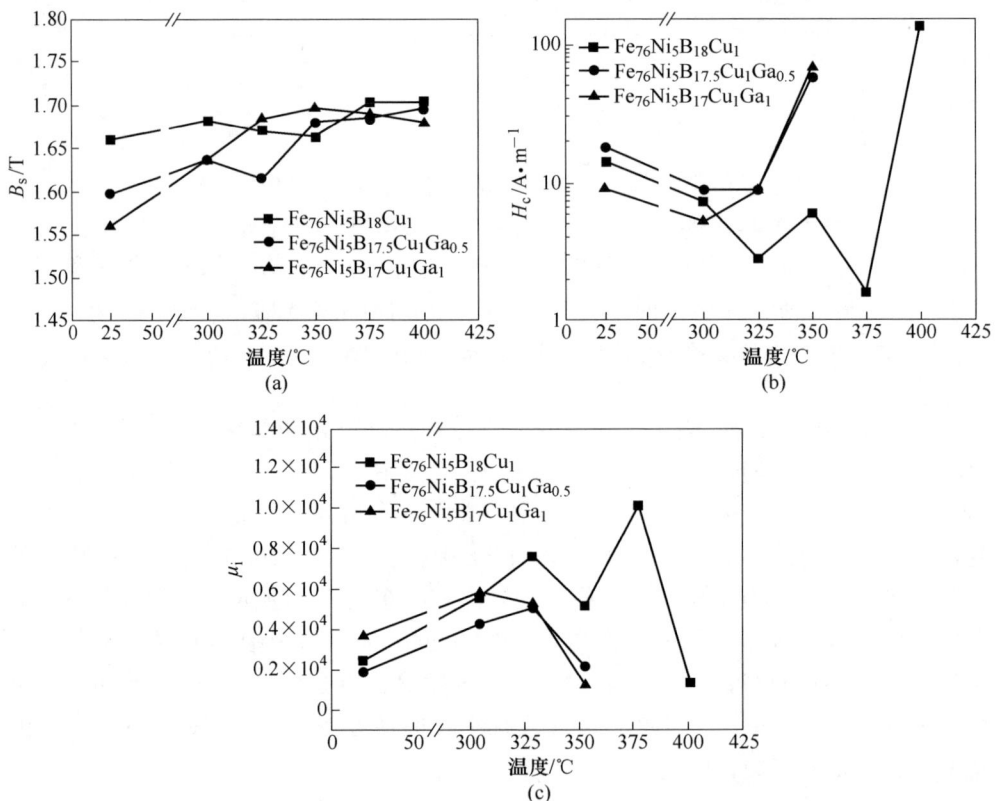

图 6.5　$Fe_{76}Ni_5B_{18-x}Cu_1Ga_x$（$x=0$，0.5，1）合金在不同退火温度下饱和
磁感应强度 B_s（a），矫顽力 H_c（b）和起始磁导率 μ_i（c）的变化

从图 6.5（a）可以看出，淬态 $Fe_{76}Ni_5B_{18}Cu_1$ 合金的 B_s 为 1.66 T，淬态 $Fe_{76}Ni_5B_{17.5}Cu_1Ga_{0.5}$ 合金的 B_s 为 1.59 T，$Fe_{76}Ni_5B_{17}Cu_1Ga_1$ 合金的 B_s 为 1.56 T。随着退火温度的升高，$Fe_{76}Ni_5B_{18-x}Cu_1Ga_x$（$x=0$，0.5，1）合金的 B_s 均呈现出升

高到稳定的趋势，这是因为随着温度的逐渐升高，合金的晶化体积分数逐渐增大，因此 B_s 逐渐增大，当晶化体积分数达到最大时，合金的 B_s 也趋于稳定。$Fe_{76}Ni_5B_{18-x}Cu_1Ga_x$（$x=0$，$0.5$，$1$）合金的 B_s 最大值均为 1.70 T。合金退火后形成非晶纳米晶的 B_s 均大于淬态合金，这是因为纳米晶原子排列长程有序，原子距离合适，交换积分大，因此合金的 B_s 较大。非晶原子排列长程无序，原子距离不规律，原子间距离太近或者太远都影响交换积分，使得合金的 B_s 降低。随着 Ga 含量的逐渐增加，合金稳定状态的 B_s 基本不变，这说明少量 Ga 的加入，对合金的 B_s 无影响。

图 6.5（b）为 $Fe_{76}Ni_5B_{18-x}Cu_1Ga_x$（$x=0$，$0.5$，$1$）合金 H_c 随退火温度的变化图。首先在退火温度较低时，合金内应力的释放导致非晶基体中自由体积的减少，合金的组织结构更加均匀致密，对磁畴起钉扎作用的缺陷和自由体积减小，因此矫顽力首先降低。对于 $Fe_{76}Ni_5B_{18}Cu_1$ 合金，当退火温度为 375 ℃时，矫顽力达到最低值为 1.61 A/m，这可能是因为，此时纳米晶的晶粒尺寸最小，根据 Herzer 的铁磁交换偶作用模型[128]，$H_c \propto D^6$，当退火温度为 400 ℃时，合金的晶粒尺寸逐渐变大，矫顽力也逐渐变大，同时也可能有硬磁相的析出，因为 $Fe_{76}Ni_5B_{18}Cu_1$ 合金的 DSC 曲线中，第 1 个峰和第 2 个峰重合，说明在 α-Fe 相的析出过程中，会伴随有硬磁相的析出，使得矫顽力增加。当退火温度为 425 ℃时，硬磁相析出（见图 6.4（a））会使得矫顽力进一步升高。$Fe_{76}Ni_5B_{17.5}Cu_1Ga_{0.5}$ 合金在 325 ℃时矫顽力达到最低值 8.65 A/m，$Fe_{76}Ni_5B_{17}Cu_1Ga_1$ 合金在退火温度为 300 ℃时，矫顽力达到最低值 5.2 A/m。可以发现加入 Ga 元素后，合金的最佳矫顽力是升高的，这是因为 Ga 有较高的磁致伸缩系数，加入 Ga 后，合金的磁致伸缩系数增加，矫顽力受磁致伸缩系数的影响[113]，因此矫顽力增加。

图 6.5（c）为 $Fe_{76}Ni_5B_{18-x}Cu_1Ga_x$（$x=0$，$0.5$，$1$）合金起始磁导率 μ_i 随退火温度的变化图。可以看出起始磁导率均呈现先增大后降低的趋势，与矫顽力的趋势完全相反，这是因为磁导率和矫顽力均为结构敏感参数，且均与晶粒尺寸的大小和均匀分布有关。因此当矫顽力达到最低值时，合金的起始磁导率达到最大值，此时合金的晶粒尺寸最小，分布也较为均匀。$Fe_{76}Ni_5B_{18}Cu_1$ 合金在退火温度为 375 ℃时，μ_i 达到最大值为 1×10^4；$Fe_{76}Ni_5B_{17.5}Cu_1Ga_{0.5}$ 合金在 325 ℃时，μ_i 达到最大值为 0.51×10^4；$Fe_{76}Ni_5B_{17}Cu_1Ga_1$ 合金在退火温度为 300 ℃时，μ_i 达到最大值为 0.58×10^4。

结合 DSC、XRD 和软磁性能将 $Fe_{76}Ni_5B_{18-x}Cu_1Ga_x$（$x=0$，$0.5$，$1$）合金与 $Fe_{76}Ga_xGe_yB_{13}Cu_1$（$x/y = 1 : 9$，$3 : 7$，$5 : 5$，$7 : 3$）合金作对比，$Fe_{76}Ni_5B_{18-x}Cu_1Ga_x$（$x=0$，$0.5$，$1$）合金的 B_s 较大，起始磁导率较低，矫顽力较高。$Fe_{76}Ni_5B_{18-x}Cu_1Ga_x$（$x=0$，$0.5$，$1$）合金的晶化窗口小了很多，虽然加入 Ga

提高了晶化窗口，但晶化窗口依然很小，这导致合金在晶化体积分数较低时，就已经析出了硬磁相，从而使得合金的 B_s 没有达到最大时，矫顽力已经增大。值得注意的是，当合金的矫顽力变大时，并未在 XRD 中检测到硬磁相，这也许是因为硬磁相的含量较小，但是依然可以恶化合金的软磁性能。

6.4　高铁含量 $Fe_{80}Ga_3Ge_3B_{13-x}Cu_1(M)_x$ 淬态合金的结构和性能

基于第 4 章的工作，发现当 Ga 和 Ge 的比例为 1:1 时，合金的软磁性能最佳。本章工作中将 Fe 的原子分数含量直接升高至 80%，并降低 Ga 和 Ge 元素的含量，但 Ga 和 Ge 的比例依然为 1:1，制备了 $Fe_{80}Ga_3Ge_3B_{13}Cu_1$ 合金并将合金的软磁性能与 $Fe_{76}Ga_5Ge_5B_{13}Cu_1$ 合金做对比。但是制备过程中发现，由于 Fe 的含量较高，合金的非晶形成能力较差，不能制备成完整连续的非晶条带。图 6.6 展现了 $Fe_{80}Ga_3Ge_3B_{13}Cu_1$ 淬态合金的 XRD 曲线，XRD 曲线为尖锐的峰，说明合金已经晶化。经 VSM 和 B-H 仪测试，$Fe_{80}Ga_3Ge_3B_{13}Cu_1$ 淬态合金的 $B_s = 1.65$ T，$H_c = 45.94$ A/m。

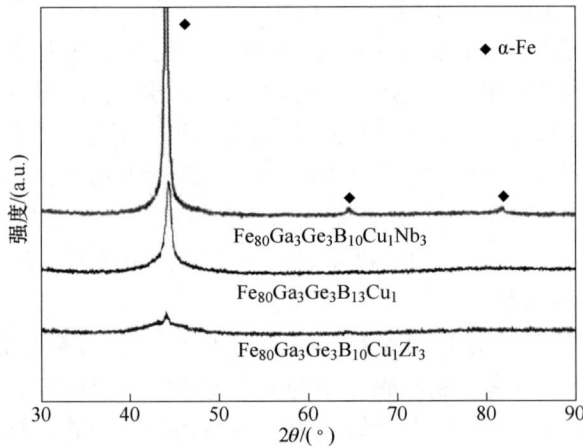

图 6.6　淬态合金 $Fe_{80}Ga_3Ge_3B_{13-x}Cu_1(M)_x$ 的 XRD 图

为了提高合金的非晶形成能力，选择加入大分子原子 Nb 或者 Zr，将 Nb 或者 Zr 元素替换 $Fe_{80}Ga_3Ge_3B_{13}Cu_1$ 合金中的 B 元素，采用单辊旋淬法制备了 $Fe_{80}Ga_3Ge_3B_{10}Cu_1Nb_3$ 和 $Fe_{80}Ga_3Ge_3B_{10}Cu_1Zr_3$ 合金，均能形成光滑的、均匀的、具有金属光泽的条带。图 6.6 中有 $Fe_{80}Ga_3Ge_3B_{10}Cu_1Nb_3$ 合金和 $Fe_{80}Ga_3Ge_3B_{10}Cu_1Zr_3$ 合金的淬态 XRD 曲线图，可以看出，$Fe_{80}Ga_3Ge_3B_{10}Cu_1Nb_3$ 合金的 XRD 曲线为尖峰，且出现了表征 α-Fe 的三强峰，说明 $Fe_{80}Ga_3Ge_3B_{10}Cu_1Nb_3$ 合金已经严重晶

化。而 $Fe_{80}Ga_3Ge_3B_{10}Cu_1Zr_3$ 合金的 XRD 曲线为漫散射峰上有一个小尖峰，也表明合金有团簇或者少部分晶化。同样采用 VSM 和 B-H 仪测试了合金淬态的软磁性能。$Fe_{80}Ga_3Ge_3B_{10}Cu_1Nb_3$ 合金的 B_s = 1.23 T，H_c = 286 A/m，$Fe_{80}Ga_3Ge_3B_{10}Cu_1Zr_3$ 合金的 B_s = 1.365 T，H_c = 13.6 A/m。因为 $Fe_{80}Ga_3Ge_3B_{10}Cu_1Nb_3$ 合金已严重晶化，且合金的软磁性能较差，所以后续仅对 $Fe_{80}Ga_3Ge_3B_{10}Cu_1Zr_3$ 合金进行退火处理和分析。

6.5 $Fe_{80}Ga_3Ge_3B_{10}Cu_1Zr_3$ 非晶纳米晶合金的结构和性能

图 6.7 （a）为 $Fe_{80}Ga_3Ge_3B_{10}Cu_1Zr_3$ 合金的 DSC 曲线图，加热速率为 35 ℃/min。DSC 曲线有两个晶化峰，第 1 个晶化峰对应的起始晶化温度为 433 ℃，为 α-Fe(Ga,Ge) 相的析出，第 2 个晶化峰的起始晶化温度为 723 ℃，对应的 FeB 硬磁相的析出。在 375~525 ℃ 区间进行真空退火，升温速率为 100 ℃/min，保温时间为 1 min，退火后的 XRD 如图 6.7 （b）所示。当退火温度为 375 ℃ 时，合金已经开始晶化，当退火温度升至 525 ℃ 时，合金析出 Fe_2B 硬磁相。

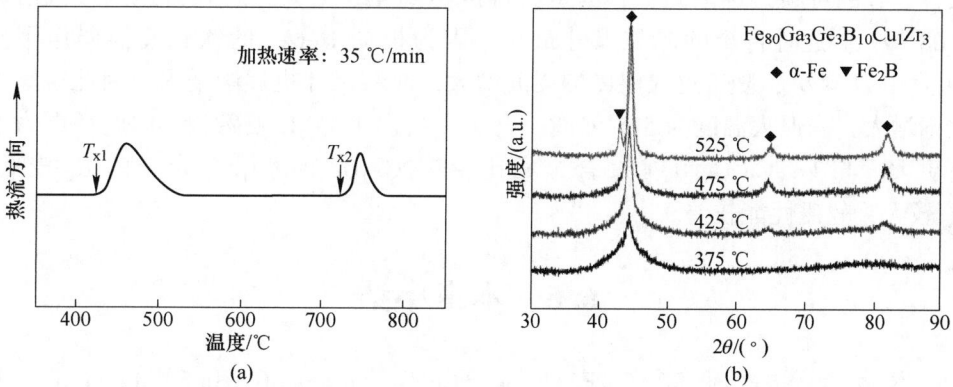

图 6.7 $Fe_{80}Ga_3Ge_3B_{10}Cu_1Zr_3$ 合金的 DSC 曲线图 （a）和退火后的 XRD 图 （b）

图 6.8 为 $Fe_{80}Ga_3Ge_3B_{10}Cu_1Zr_3$ 合金淬态和退火后 B_s 和 H_c 随退火温度的变化图。可以看出，淬态合金的 B_s 为 1.36 T，与 $Fe_{80}Ga_3Ge_3B_{13}Cu_1$ 合金相比，其 B_s 较低，这是因为加入 Zr 元素后，Fe 的质量分数下降，因此 B_s 降低。随着退火温度的逐渐增大，合金中析出的晶化相逐渐增多，合金的 B_s 逐渐增大。当退火温度为 450 ℃ 时，$Fe_{80}Ga_3Ge_3B_{10}Cu_1Zr_3$ 合金的饱和磁感应强度（B_s）达到最大值为 1.56 T。随着退火温度的进一步增高，B_s 下降，这是因为 Zr 为大尺寸原子，退火温度升高后，残余非晶相里 Zr 元素的比例增加，过多的大尺寸原子使得 Fe 原子之间的间距增加过大，交换积分变弱，因此合金的 B_s 降低。

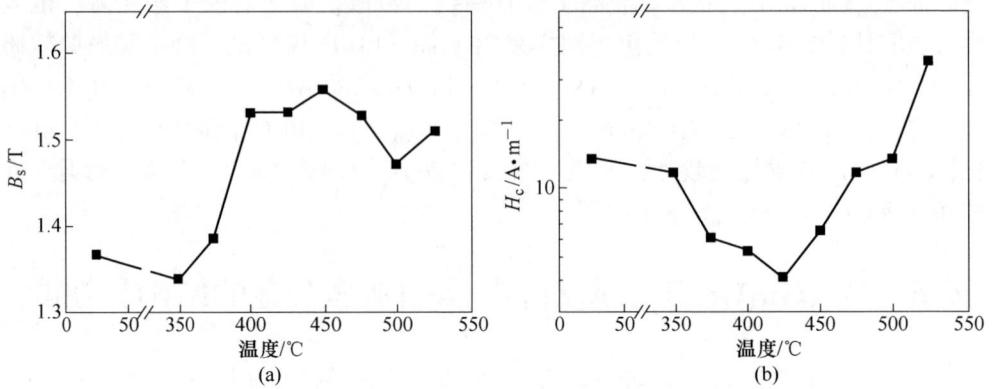

图 6.8　$Fe_{80}Ga_3Ge_3B_{10}Cu_1Zr_3$ 合金的 B_s（a）和 H_c（b）随退火温度的变化图

$Fe_{80}Ga_3Ge_3B_{10}Cu_1Zr_3$ 淬态合金的矫顽力为 13.6 A/m。当对合金进行退火处理后，合金的矫顽力首先降低，随着退火温度的逐渐增加，晶化体积分数逐渐增大，合金的矫顽力逐渐减低，当退火温度达到 425 ℃时，矫顽力达到最低值为 4.08 A/m。这时合金的晶粒尺寸最小，因为根据 Herzer 的铁磁交换偶作用模型[128]，$H_c \propto D^6$，随着退火温度的逐渐增大，晶粒尺寸也逐渐增大，因此矫顽力逐渐增大，当退火温度为 525 ℃时，合金中析出了 Fe_2B 硬磁相，因此矫顽力变得更大。与 $Fe_{76}Ga_5Ge_5B_{13}Cu_1$ 合金相比，$Fe_{80}Ga_3Ge_3B_{10}Cu_1Zr_3$ 合金的 B_s 较低，H_c 较大，软磁性能较差。

6.6　本章小结

本章系统地研究了 $Fe_{76}Ni_5B_{18-x}Cu_1Ga_x$（$x$ = 0，0.5，1，1.5）和 $Fe_{80}Ga_3Ge_3B_{13-x}Cu_1(M)_x$ 合金体系的非晶形成能力、热稳定性和软磁性能。结论如下：

（1）随着 Ga 元素含量的逐渐增多，$Fe_{76}Ni_5B_{18-x}Cu_1Ga_x$（$x$ = 0，0.5，1）合金的非晶形成能力逐渐变差，当 Ga 元素的原子分数含量为 1.5%时，淬态合金已部分晶化。

（2）随着 Ga 元素含量的逐渐增加，$Fe_{76}Ni_5B_{18-x}Cu_1Ga_x$（$x$ = 0，0.5，1）合金退火后合金的最大 B_s 基本一致，均为 1.70 T，这说明少量 Ga 的加入，对合金的 B_s 无影响。但是增大了合金的矫顽力，这是因为 Ga 有较高的磁致伸缩系数，矫顽力受磁致伸缩系数的影响。

（3）$Fe_{80}Ga_3Ge_3B_{13}Cu_1$ 和 $Fe_{80}Ga_3Ge_3B_{10}Cu_1Nb_3$ 合金的非晶形成能力低于

$Fe_{80}Ga_3Ge_3B_{10}Cu_1Zr_3$ 合金，表明 Zr 元素提高非晶形成能力的作用大于 Nb。

（4）退火后 $Fe_{80}Ga_3Ge_3B_{10}Cu_1Zr_3$ 合金的饱和磁感应强度最大值为 1.56 T，矫顽力最低值为 4.08 A/m，与 $Fe_{76}Ga_5Ge_5B_{13}Cu_1$ 合金相比，软磁性能较差。

7 FeNiGa(Mo)B 合金结构
和软磁性能的研究

在材料科学领域，新型软磁合金体系的开发对满足不断增长的工业需求意义重大。基于第 3 章~第 5 章中对 Ga 与 Fe 元素电子转移效应的研究，我们发现这一效应在调控合金性能方面潜力巨大。在此基础上，本章将研究视野拓展至 FeNi 基合金领域，着重探究在 FeNi 基合金中引入 Ga 元素后，对其非晶纳米晶结构和性能会产生何种影响，同时深入挖掘 Fe、Ni、Ga 元素之间的电子转移效应机制。

FeNi 基非晶软磁合金具有低矫顽力、稳定的磁导率、高强度、高硬度等优异的软磁性能，展现出广阔的应用前景，是较早投入使用的软磁合金之一[174,176-177]。目前广泛使用的 FeNi 基非晶合金有：Metglas 2826MB（$Fe_{40}Ni_{38}Mo_4B_{18}$）[178]，Metglas 2826（$Fe_{40}Ni_{38}P_{14}B_6$）和 Vitrovac 4040F（$Fe_{40}Ni_{40}(MoSiB)_{20}$）。主要应用于生物传感器、漏电开关互感器、磁头、精密互感器、高频开关电源变压器等领域。近年来，随着电力电子行业的迅猛发展，对 FeNi 基非晶合金提出了更高的要求，因此它存在一些问题需要迫切解决。例如，在热处理过程中，与 Fe 基合金相比，FeNi 基非晶合金的热处理条件要求会更加严格，FeNi 基合金的初晶相不是软磁相 α-Fe，退火前后饱和磁感应强度没有较大幅度的变化，同时它的晶化温度窗口较小，很容易析出顺磁相、硬磁相、硼化物等使合金的矫顽力升高，恶化软磁性能。因此，改善 FeNi 基合金的软磁性能需从相结构转变的角度出发，从根本上改变合金退火后的析出相，才能解决退火后非软磁相对合金性能的恶化问题。

本章以商业合金 $Fe_{40}Ni_{38}Mo_4B_{18}$ 合金为基础，利用 Ga 元素置换 Mo 元素，并逐渐提高 Ga 元素含量，试图开发新类型的 FeNi 基合金。实验结果表明，合金退火后，Ga 可固溶在 γ-(Fe,Ni) 中形成新的 γ-(Fe,Ni,Ga) 相，且由于 Fe、Ni、Ga 之间的电子转移效应，极大地延缓了 γ-(Fe,Ni,Ga) 相的形成，使得合金在退火过程中经历了极长的结构弛豫过程，形成了一种介于非晶和纳米晶之间的新结构，由于这种结构既不是短程有序的非晶，也不是长程有序的纳米晶，且其形态由指纹状排列的原子构成，因此，我们称其为中程有序结构。由于中程有序结构的形成，合金经历了结构弛豫过程后形成了极细小的 γ-(Fe,Ni,Ga) 纳米晶组织，纳米晶之间的磁交换耦合作用极大地改善了合金的软磁性能。

7.1 合金的非晶形成能力和热稳定性

图 7.1 为 $Fe_{40}Ni_{38}Mo_4B_{18}$ 和 $Fe_{40}Ni_{38}Ga_xB_{22-x}$（$x=4$，6，8，10）淬态合金的 XRD 图和 DSC 图。从图 7.1（a）可以看出 $Fe_{40}Ni_{38}Mo_4B_{18}$ 和 $Fe_{40}Ni_{38}Ga_4B_{18}$ 的

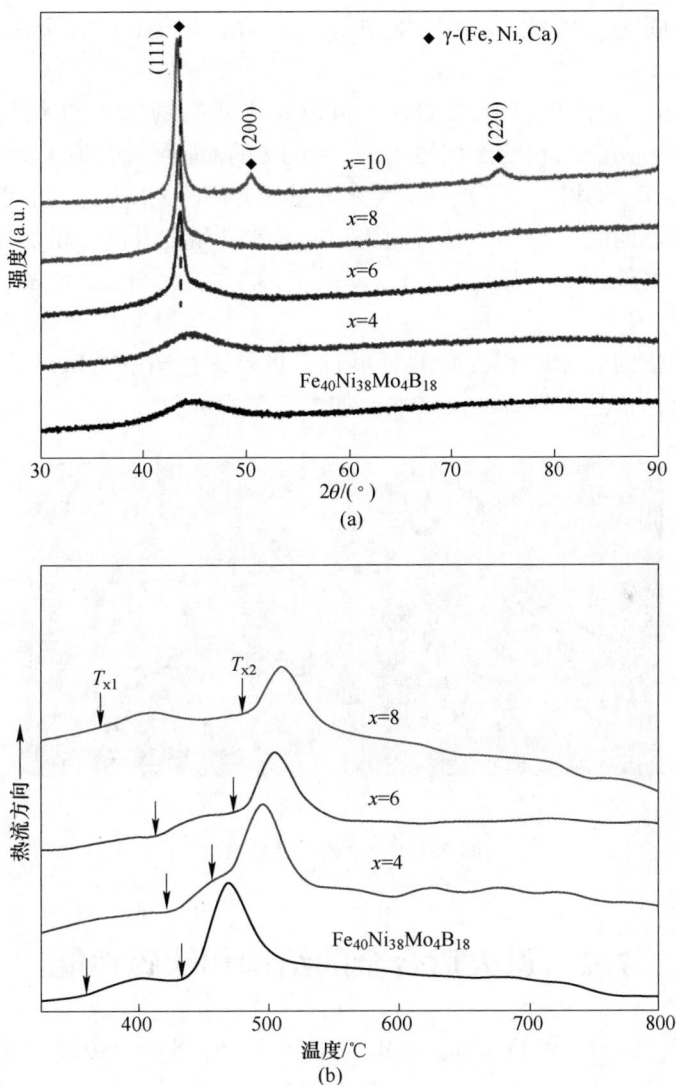

图 7.1　$Fe_{40}Ni_{38}Mo_4B_{18}$ 和 $Fe_{40}Ni_{38}Ga_xB_{22-x}$（$x=4$，6，8，10）
合金的 XRD 曲线（a）和 DSC 曲线（b）

XRD 曲线为漫散射峰，表明 $Fe_{40}Ni_{38}Mo_4B_{18}$ 和 $Fe_{40}Ni_{38}Ga_4B_{18}$ 淬态合金为非晶态。$Fe_{40}Ni_{38}Ga_xB_{22-x}$ （$x=6$，8）淬态合金在 $2\theta=44°$ 左右有一个晶化峰，表明合金已部分晶化。$Fe_{40}Ni_{38}Ga_{10}B_{12}$ 淬态合金的 XRD 曲线上，有表征 γ-(Fe,Ni) 的三强峰，因此 $Fe_{40}Ni_{38}Ga_xB_{22-x}$ （$x=6$，8）淬态合金的晶化相也为 γ-(Fe,Ni)。另外，随着 Ga 含量从 6% 增加到 10%，{111} 晶面族衍射峰的位置向角度较低的方向偏移，这意味着随着 Ga 含量的升高，γ-(Fe,Ni) 相的晶格常数在增大，这是由于 Ga 的固溶，因此 $Fe_{40}Ni_{38}Ga_xB_{22-x}$ （$x=6$，8，10）合金的晶化相应为 γ-(Fe,Ni,Ga)。

图 7.1 （b）为合金的 DSC 曲线，可以看出所有的 DSC 曲线均有两个放热峰，分别对应为初晶相和硬磁相的析出。当 4% 的 Ga 元素替换 Mo 元素后，晶化起始温度 T_{x1}、T_{x2} 均增大。随着 Ga 元素含量的升高，T_{x1} 降低，表明淬态合金的热稳定性减弱。同时，T_{x2} 增大，这说明 Ga 元素含量的升高，增加了第 2 个相析出的稳定性。另外，$\Delta T=T_{x2}-T_{x1}$，T_{x1} 降低 T_{x2} 增大，使得 ΔT 增加，增大了初晶相的晶化窗口。

本章所制备的合金均有良好的延展性，即使 $Fe_{40}Ni_{38}Ga_xB_{22-x}$ （$x=6$，8）合金已部分晶化，依然有良好的延展性，如图 7.2 所示。

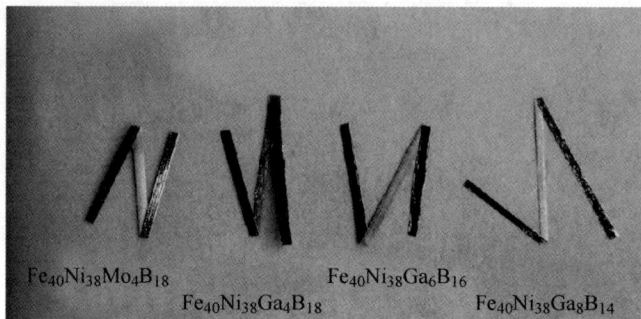

图 7.2　合金的延展性展示

7.2　退火后合金的结构和软磁性能

对 $Fe_{40}Ni_{38}Mo_4B_{18}$ 和 $Fe_{40}Ni_{38}Ga_xB_{22-x}$ （$x=4$，6，8）合金在真空氛围下进行退火处理，升温速率为 100 ℃/min，保温时间为 5 min。图 7.3 为合金退火后的 XRD 图和通过分析 XRD 图得到的 γ-(Fe,Ni) 相的晶格常数 a 和晶化体积分数 V^{cr} 的变化图。晶化体积分数通过对 $2\theta=44°$ 处的衍射峰进行分峰拟合获得。以退火温度为 325 ℃ 的 $Fe_{40}Ni_{38}Ga_8B_{14}$ 合金为例，如图 7.3 （f）中插图所示。拟合得到的晶化峰峰面积所占比例就是 V^{cr}。同时获得结晶峰的半峰宽 L_θ 和衍射角 2θ 的值，并通过 Scherrer 公式计算出纳米晶的晶粒尺寸：

$$D = 0.89\lambda/L_\theta cos\theta \tag{7.1}$$

式中，D 为晶粒尺寸的大小；λ 为 X 射线的波长。

当退火温度为 375 ℃时，$Fe_{40}Ni_{38}Mo_4B_{18}$ 合金只析出了 γ-(Fe,Ni) 相，如图 7.3 (a) 所示，它的晶化体积分数也较低，约为 23%（见图 7.3 (f)）；当退火温度为 400 ℃时，合金中析出了 Fe_3Ni_3B 和 Fe_3B。随着 Ga 元素逐渐替换 Mo 元素和 B 元素后，退火温度为 400 ℃以下，合金中析出的相均为初晶相 γ-(Fe,Ni,Ga)；当退火温度升高至 400 ℃以上时，$Fe_{40}Ni_{38}Ga_4B_{18}$ 析出了 $(Fe,Ni)_{23}B_6$ 相，如图 7.3 (b) 所示，$Fe_{40}Ni_{38}Ga_xB_{22-x}$（$x=6$，8）析出了硼化物，如图 7.3 (c) 和 7.3 (d) 所示。值得注意的是，当合金中只析出 γ-(Fe,Ni,Ga) 相时，XRD 只能检测到 {111} 晶面族，而当退火温度升高时，$(Fe,Ni)_{23}B_6$ 和硼化物析出，XRD 也同时可检测到 γ-(Fe,Ni,Ga) 相的 {200} 和 {220} 晶面族。这种特殊的单峰结构可能是介于非晶和纳米晶之间的中间状态。

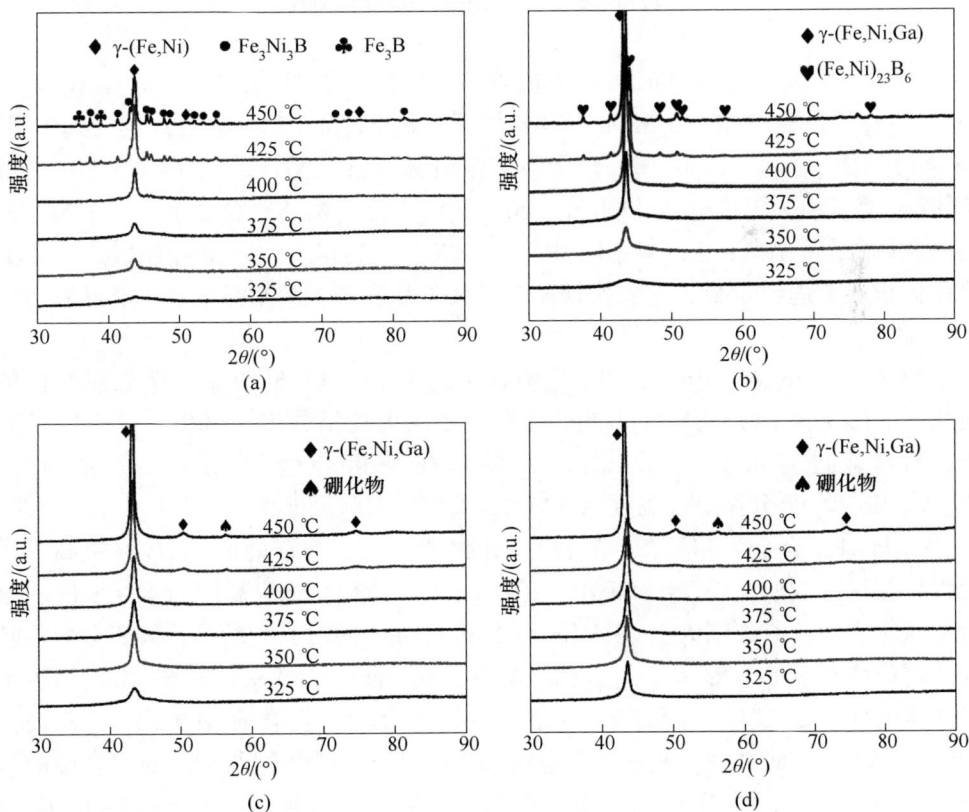

(a)

(b)

(c)

(d)

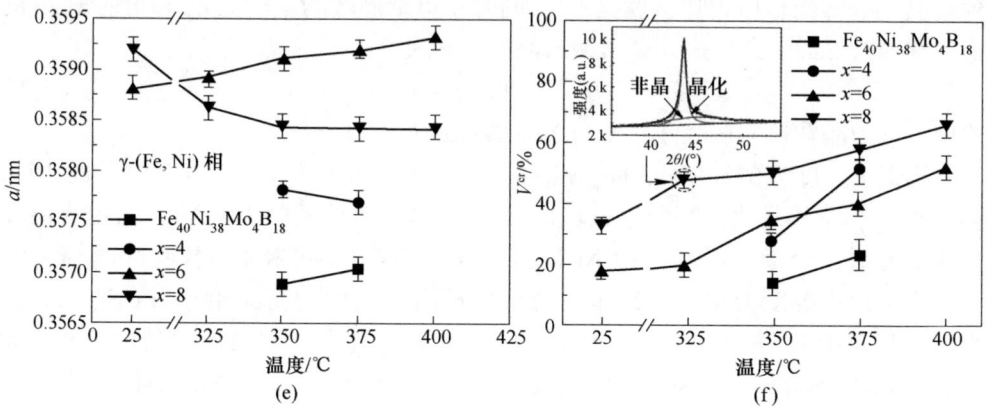

图 7.3　$Fe_{40}Ni_{38}Mo_4B_{18}$ 合金退火后的 XRD 图（a），$Fe_{40}Ni_{38}Ga_4B_{18}$ 合金退火后的 XRD 图（b），

$Fe_{40}Ni_{38}Ga_6B_{16}$ 合金退火后的 XRD 图（c），$Fe_{40}Ni_{38}Ga_8B_{14}$ 合金退火后的 XRD 图（d），

γ-(Fe,Ni) 相的晶格常数 a 随退火温度的变化图（e）和

晶化体积分数 V^{cr} 随退火温度的变化图（f）

图 7.3（e）为 γ-(Fe,Ni) 相的晶格常数 a 的变化图。$Fe_{40}Ni_{38}Ga_xB_{22-x}$（$x=4$，6，8）合金的晶格常数均大于 $Fe_{40}Ni_{38}Mo_4B_{18}$ 合金，这也说明，$Fe_{40}Ni_{38}Ga_xB_{22-x}$（$x=4$，6，8）合金的初晶相为 γ-(Fe,Ni,Ga)。图 7.3（f）为晶化体积分数随退火温度的变化图，$Fe_{40}Ni_{38}Ga_xB_{22-x}$（$x=6$，8）合金中 γ-(Fe,Ni,Ga)的晶化体积分数比 $Fe_{40}Ni_{38}Mo_4B_{18}$ 中 γ-(Fe,Ni) 相高得多，$Fe_{40}Ni_{38}Ga_8B_{14}$ 合金的晶化体积分数达到 66%，这就像铁基非晶纳米晶合金中纳米晶镶嵌于非晶基体的结构特征。

图 7.4 为 $Fe_{40}Ni_{38}Mo_4B_{18}$ 和 $Fe_{40}Ni_{38}Ga_xB_{22-x}$（$x=4$，6，8）合金软磁性能的变化图。图 7.4（a）为矫顽力的变化图，矫顽力均呈现出"降低—升高"的趋势，对合金进行退火处理，内应力的释放使得合金的矫顽力首先降低。$Fe_{40}Ni_{38}Mo_4B_{18}$ 合金在退火温度为 325 ℃时，H_c 达到最低值为 0.94 A/m，此时，$Fe_{40}Ni_{38}Mo_4B_{18}$ 合金为非晶态。随着 Ga 元素的加入，合金的最佳 H_c 在更高的退火温度获得，例如，$Fe_{40}Ni_{38}Ga_xB_{22-x}$（$x=6$，8）合金在退火温度为 400 ℃时，合金的矫顽力最佳值分别为 1.25 A/m 和 2.39 A/m。同时，它的晶化体积分数也较大。这说明对于 $Fe_{40}Ni_{38}Ga_xB_{22-x}$（$x=4$，6，8）合金，当 γ-(Fe,Ni,Ga) 相析出时合金的矫顽力最佳。而对于 $Fe_{40}Ni_{38}Mo_4B_{18}$ 合金，当合金中析出 γ-(Fe,Ni) 相时，矫顽力反而升高。然后随着退火温度的升高，硼化物的析出使得合金的矫顽力进一步增大。图 7.4（b）为合金的饱和磁感应强度，B_s 为 0.87~0.98 T，总的来说退火温度对合金的 B_s 影响不大，这与 Chen 等[177] 研究

$(Fe_{40}Ni_{40}Si_xB_yCu_1)_{0.97}Nb_{0.03}$ 合金得出的结论一致。随着 Ga 元素的逐渐增加，B_s 略微下降，这是由于 Ga 元素的增加，使得磁性元素的质量分数下降。

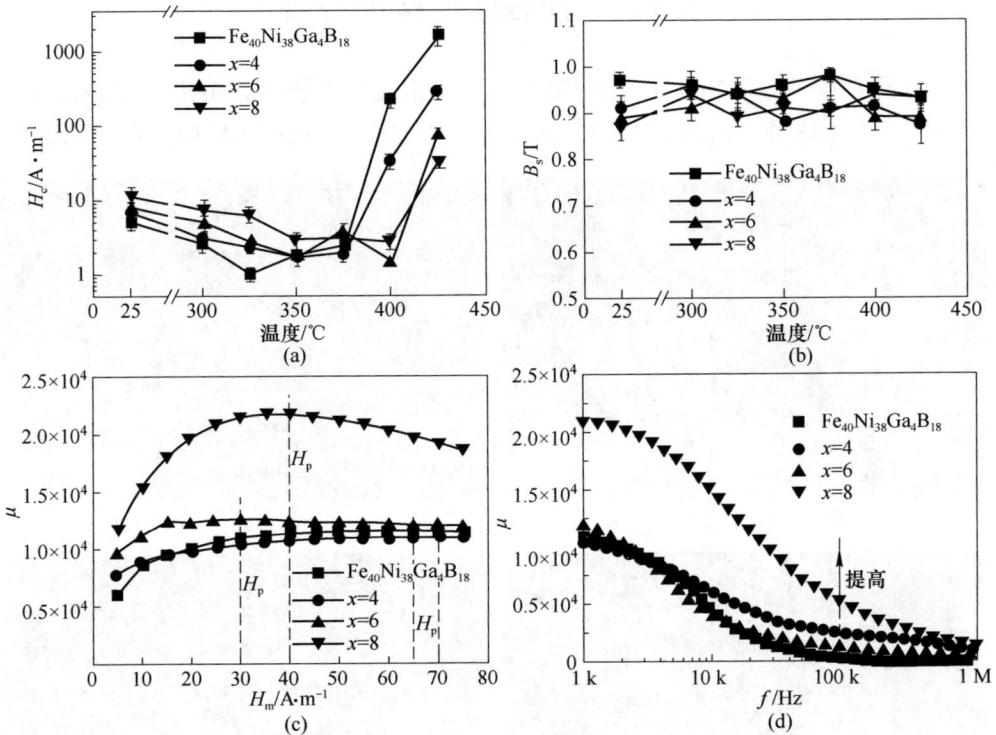

图 7.4 $Fe_{40}Ni_{38}Mo_4B_{18}$ 和 $Fe_{40}Ni_{38}Ga_xB_{22-x}$ $(x=4, 6, 8)$
合金的 H_c（a），B_s（b）随退火温度的变化，最佳退火条件下，
磁导率随 H_m 的变化（c）和钉扎场 H_p 下磁导率随频率的变化（d）

图 7.4（c）为在 1 kHz 频率下，退火后合金（矫顽力最低的合金）的相对磁导率在交流磁场下随磁场强度的变化图。可以很清楚地看到，随着外磁场 H_m 从 5 A/m 增大至 75 A/m，μ 快速增加，然后缓慢下降。通常将磁导率达到最大值时，所施加的外磁场的大小定义为钉扎场 $H_p^{[179]}$。若合金的磁导率达到最大值，同时具有较低的 H_p，意味着合金中存在着较少的缺陷和钉扎位置，钉扎场越小，合金的软磁性能越好，越容易磁化。$Fe_{40}Ni_{38}Mo_4B_{18}$ 和 $Fe_{40}Ni_{38}Ga_xB_{22-x}$ $(x=4, 6, 8)$ 合金分别在 65 A/m、70 A/m、30 A/m 和 40 A/m 的外磁场下，获得的磁导率的最大值为 1.16×10^4、1.10×10^4、1.26×10^4 和 2.17×10^4。$Fe_{40}Ni_{38}Ga_xB_{22-x}$ $(x=6, 8)$ 合金的 H_p 相对较小，说明 $Fe_{40}Ni_{38}Ga_xB_{22-x}$ $(x=6, 8)$ 合金中具有较少的钉扎位置和缺陷。$Fe_{40}Ni_{38}Ga_8B_{14}$ 合金的磁导率最高，甚至在

高频率 $f = 100$ kHz 时也较高，如图 7.4（d）所示。

7.3　中程有序结构的发现

为了了解 γ-(Fe, Ni, Ga) 相的微观结构，用透射电镜对合金进行了表征和分析。图 7.5（a）为 $Fe_{40}Ni_{38}Mo_4B_{18}$ 合金在 400 ℃退火后的 TEM 图，图中稀松地

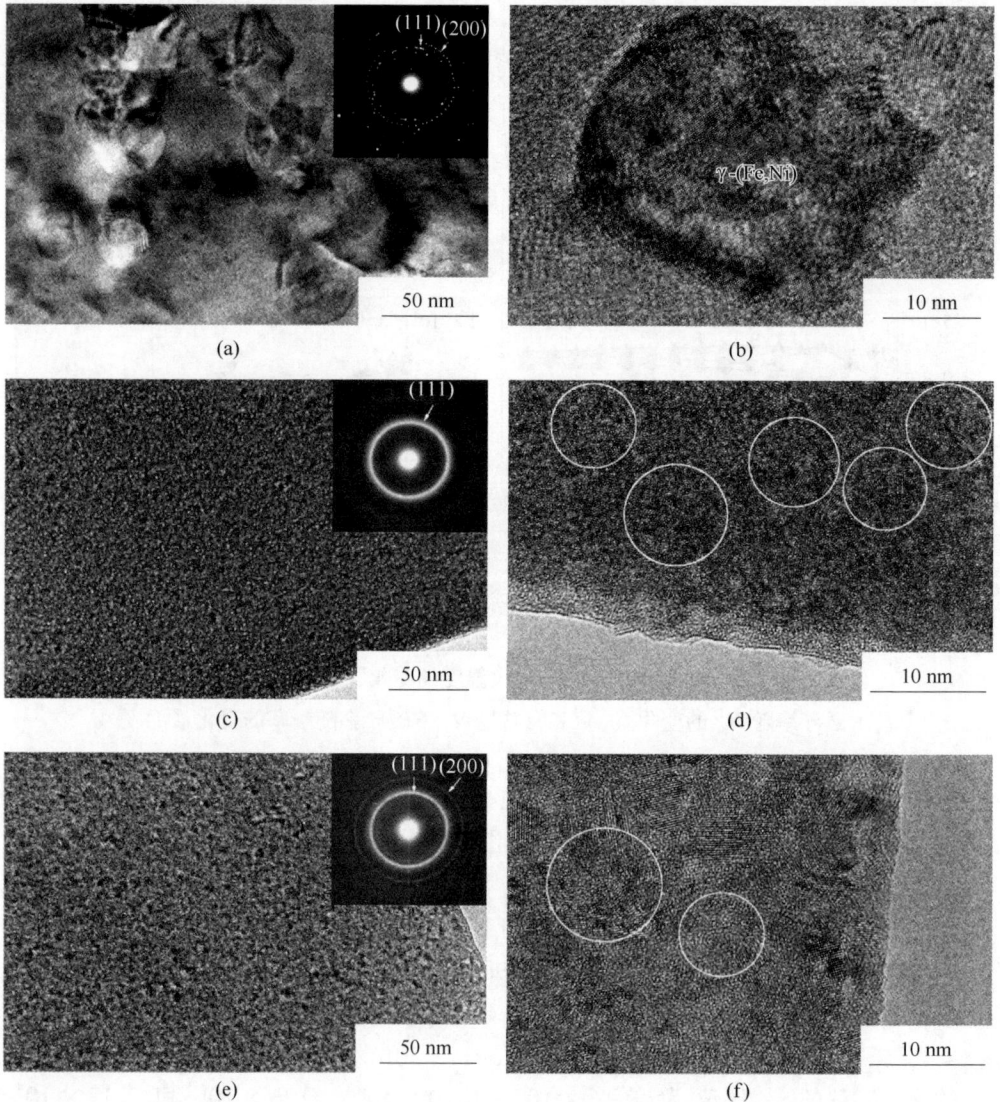

图 7.5　$Fe_{40}Ni_{38}Mo_4B_{18}$（a）（b）、$Fe_{40}Ni_{38}Ga_6B_{16}$（c）（d）、$Fe_{40}Ni_{38}Ga_8B_{14}$ 合金（e）（f）
在 400 ℃退火后样品的选区电子衍射图和高分辨 TEM 图

分布着 30～50 nm 的晶粒，从选区电子衍射图可以确定合金中有 γ-(Fe,Ni) 相。从图 7.5（b）的高分辨率 TEM 图中也可以看出 γ-(Fe,Ni) 相组成的晶粒尺寸很大，这种粗大的晶粒和硼化物的同时析出会大大地降低合金的软磁性能，这也就是为什么 FeNi 基合金的应用通常为非晶态。

相反，$Fe_{40}Ni_{38}Ga_6B_{16}$ 合金和 $Fe_{40}Ni_{38}Ga_8B_{14}$ 合金在 400 ℃ 退火后，显微组织为细小的纳米晶颗粒分布，分别如图 7.5（c）和（e）所示。$Fe_{40}Ni_{38}Ga_6B_{16}$ 合金的 SAED 图只有一个衍射环，这可能是 γ-(Fe,Ni,Ga) 相的 ｛111｝ 晶面族，但是从图 7.5（d）高分辨 TEM 可以看出，显微组织为常规的条带形和指纹形结构的团簇（白色圈所画的区域），常规的条纹结构应该是 γ-(Fe,Ni,Ga) 晶粒。弧形排列的指纹状结构的原子，这种特殊的微观结构并不能定义为传统的晶粒，事实上，合金在退火后经历了一个很长的结构弛豫过程，而这种原子特殊排列的结构是处在非晶和纳米晶之间的，但其既不是短程有序的非晶也不是长程有序的纳米晶，因此可称其为一种特殊的中程有序结构[180]（MROS）。对于 $Fe_{40}Ni_{38}Ga_8B_{14}$ 合金，图 7.5（e）中 SAED 的衍射环所对应 γ-(Fe,Ni,Ga) 相的 ｛111｝ 和 ｛200｝ 晶面族。高分辨 TEM（见图 7.5（f））中，与 $Fe_{40}Ni_{38}Ga_6B_{16}$ 合金相比，常规的条纹状结构的细小纳米晶的比例增加，晶粒尺寸增加，但依然存在着中程有序结构，如白色圈所包含区域。因此，对于 $Fe_{40}Ni_{38}Mo_4B_{18}$ 合金，非晶相直接转变为 γ-(Fe,Ni) 相；而对于 $Fe_{40}Ni_{38}Ga_xB_{22-x}$（$x=4$，6，8）合金，非晶态转变为中程有序结构和 γ-(Fe,Ni,Ga) 纳米晶。显然，Ga 元素的添加极大地抑制了原子的扩散，细化了纳米结构，从而对纳米晶的软磁性能产生影响。

通过 XRD 图和 Scherrer 公式估算出 $Fe_{40}Ni_{38}Ga_xB_{22-x}$（$x=6$，8）合金的晶粒尺寸约为 16 nm，但是通过 TEM 图实际测量 $Fe_{40}Ni_{38}Ga_8B_{14}$ 合金的晶粒尺寸小于 10 nm，且 $Fe_{40}Ni_{38}Ga_6B_{16}$ 合金的晶粒尺寸更小。这说明由于中程有序结构的存在，XRD 所得到的半峰宽（FWHM）和晶化体积分数，不能有效地反应和计算合金的晶粒尺寸。

淬态 $Fe_{40}Ni_{38}Ga_xB_{22-x}$（$x=6$，8）合金虽然部分晶化，但是有良好的延展性，如图 7.2 所示。退火后的 $Fe_{40}Ni_{38}Ga_xB_{22-x}$（$x=6$，8）合金随着晶化体积分数的增大，合金的延展性变差，如我们常见的铁基非晶纳米晶一样。不同的是，$Fe_{40}Ni_{38}Ga_xB_{22-x}$（$x=6$，8）合金在晶化体积分数很高的时候，晶粒尺寸依然很小。如果调整制备工艺，直接获得的淬态合金中拥有较高晶化体积分数 γ-(Fe,Ni,Ga) 相的非晶纳米晶组织，这种合金带材将会拥有良好的延展性。因此，在消除应力退火后，可以将极其精细的纳米结构与优异的软磁性能结合起来，从而解决延展性与软磁性能之间的矛盾。

7.4　合金退火后的 XPS 分析

为了分析细小的纳米晶结构的形成原因，对在 400 ℃ 退火后的 $Fe_{40}Ni_{38}Mo_4B_{18}$ 和 $Fe_{40}Ni_{38}Ga_8B_{14}$ 合金进行 XPS 测量分析。图 7.6（a）为合金的全谱分析，在氩离子溅射清洗前，合金表面 O 元素和 C 元素的含量较高，然后，氩离子溅射清洗 300 s 后，几乎没有 O 元素和 C 元素。图 7.6（b）为 Fe 的 2p 轨道窄谱分析，与铁基非晶纳米晶 $Fe_{77.5}Si_{7.5}Ga_6B_9$ 合金[94] 相比，窄谱中除了有 Fe $2p_{1/2}$ 和 $2p_{3/2}$ 的峰，还有卫星峰（箭头所指），未检测到 Fe^{2+} 和 Fe^{3+}。该卫星峰与 Fe $2p_{3/2}$ 峰有关，对应为 Fe^{n+}。显然，铁和镍元素之间存在自由电子转移。图 7.6（c）为 Ni 2p 的窄谱分析，两种合金的 Ni $2p_{3/2}$ 峰和相关联的卫星峰之间的结合能差（$\Delta E = 6.5$ eV）高于纯 Ni[181]（$\Delta E = 5.08$ eV）。因为 Fe 元素的费米

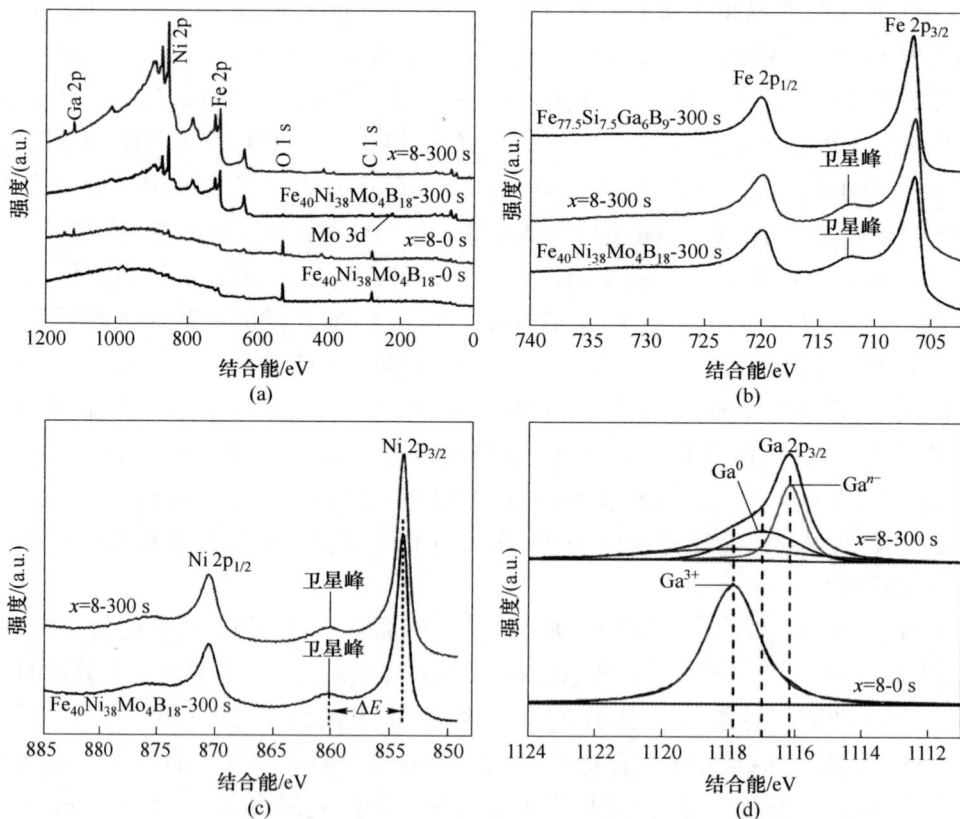

图 7.6　$Fe_{40}Ni_{38}Mo_4B_{18}$ 和 $Fe_{40}Ni_{38}Ga_8B_{14}$ 合金在 400 ℃ 退火后 XPS 分析

（a）全谱分析；（b）Fe 的 2p 轨道；（c）Ni 的 2p 轨道；（d）Ga 的 2p 轨道

能级（E_F）高于 $Ni^{[182]}$，因此 Fe 的电子向 Ni 转移，直至两者的 E_F 相等，这也就是说 Ni 的 E_F 增加，因此使得 ΔE 增大。图 7.6（d）为 $Fe_{40}Ni_{38}Ga_8B_{14}$ 合金 Ga 2p 的窄谱分析，在氩离子清洗前，检测到结合能为 1117.8 eV 的峰，对应为 Ga^{3+}，氩离子清洗 300 s 后，结合能为 1117.0 和 1116.3 eV 的峰分别对应为 Ga^0 和 Ga^{n-}，这意味着 Ga 得到了电子。

7.5　合金结构演变分析

图 7.7 为 $Fe_{40}Ni_{38}Mo_4B_{18}$ 和 $Fe_{40}Ni_{38}Ga_8B_{14}$ 合金退火过程中纳米晶结构演变示意图。由于在 $Fe_{40}Ni_{38}Ga_8B_{14}$ 合金中，Ga 原子可以溶于 γ-(Fe,Ni,Ga) 中，Fe、Ni 和 Ga 之间的电子转移使原子的结合力复杂化，极大地抑制了原子的扩散，从而形成细小的纳米晶结构。同时，Ga 原子的半径比 Fe 和 Ni 原子都大，这也抑

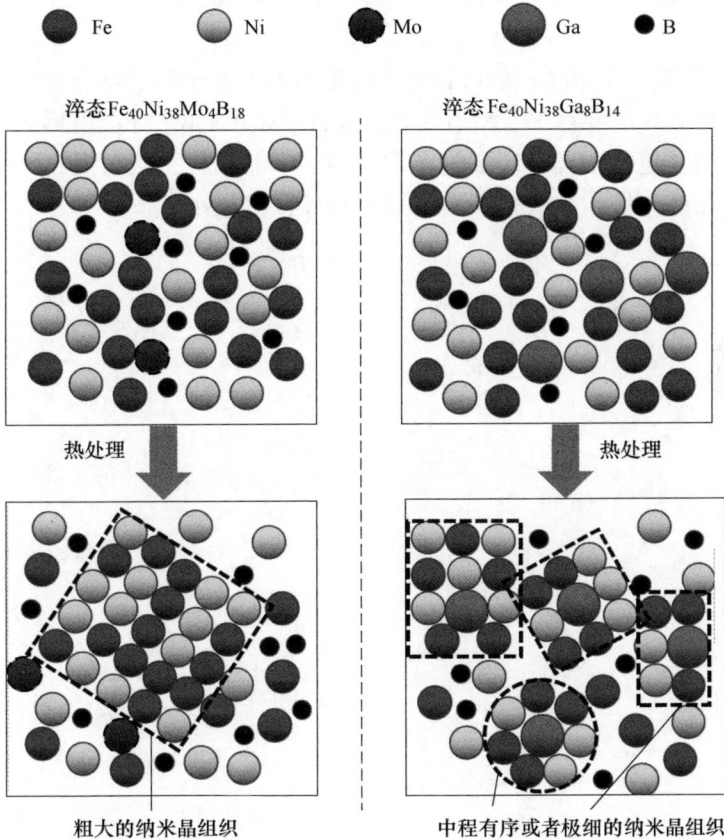

图 7.7　$Fe_{40}Ni_{38}Mo_4B_{18}$ 和 $Fe_{40}Ni_{38}Ga_8B_{14}$ 合金退火过程中纳米晶结构演变示意图

制了元素的扩散。而一旦细小纳米晶组织形成之后，和铁基非晶纳米晶一样，$Fe_{40}Ni_{38}Ga_8B_{14}$ 合金纳米晶之间有铁磁交换作用，使得合金的磁晶各向异性常数降低，提高了合金的软磁性能。在 $Fe_{40}Ni_{38}Mo_4B_{18}$ 中，由于没有 Ga 元素的存在，合金形成 γ-(Fe,Ni)，且只有 Fe 原子和 Ni 原子的结合，元素扩散也相对较快，很容易形成粗大的纳米晶组织。

7.6　本章小结

本书采用单辊旋淬法制备了 $Fe_{40}Ni_{38}Mo_4B_{18}$ 和 $Fe_{40}Ni_{38}Ga_xB_{22-x}$（$x = 4$，6，8）合金，并研究了退火温度对其微观结构和磁性能的影响。结论如下：

（1）$Fe_{40}Ni_{38}Ga_6B_{16}$ 和 $Fe_{40}Ni_{38}Ga_8B_{14}$ 淬态合金已部分晶化，但依然拥有良好的延展性。

（2）$Fe_{40}Ni_{38}Mo_4B_{18}$ 和 $Fe_{40}Ni_{38}Ga_xB_{22-x}$（$x = 4$，6，8）合金退火过程中析出的初晶相分别为 γ-(Fe,Ni) 和 γ-(Fe,Ni,Ga)。

（3）由于 Fe、Ni 和 Ga 之间的电子转移增加了原子间的结合力，从而大大抑制了原子的扩散，因此在 $Fe_{40}Ni_{38}Ga_6B_{16}$ 和 $Fe_{40}Ni_{38}Ga_8B_{14}$ 合金中形成了细小的纳米晶结构组织，包括中程有序结构和常规的纳米晶晶粒，从而提高了合金的软磁性能，而且在晶化体积分数很高时，晶粒尺寸依然很小。

参 考 文 献

[1] Duwez P, Willens R, Klement. Continuous Series of metastable solid solutions in Silver-Copper Alloys [J]. Journal of Applied Physics, 1960, 31 (6): 1136-1137.

[2] Kramer J. Noconducting modification of metals [J]. Annals of Physics, 1934, 19: 37-64.

[3] Turnbull D, Cohen M H. Coeerning reconstraetive transformation and formation of glass [J]. The Journal of Chemical Physics, 1958, 29 (5): 1049-1054.

[4] Klement W, Willens R, Duwez P. Non-crystalline structure in solidified gold-silicon Alloys [J]. Nature, 1960, 187: 869-870.

[5] Duwez P, Lin S C H. Amorphous ferromagnetic phase in iron carbon phosphorus alloys [J]. Journal of Applied Physics, 1967, 38: 4096.

[6] Pond R, Maddin R. A method of producing rapidly solidified filamentary castings transactions [J]. Composites, 1969, 245: 2457-2476.

[7] O'handley R C, Chou C P, Decristofaro N. High-induction low-loss metallic glasses [J]. Journal of Applied Physics, 1979, 50 (5): 3603-3607.

[8] Luborsky F E, Frischmann P G, Johnson L A. The role of amorphous materials in the magnetics industry [J]. Journal of Magnetism and Magnetic Materials, 1979, 8 (4): 318-329.

[9] Liebermann H H, Graham C, Flanders P J. Changes in curie temperature, physical dimensions, and magnetic anisotropy during annealing of amorphous magnetic alloys [J]. IEEE Transactions on Magnetics, 1977, 13: 1541-1543.

[10] Inoue A, Shinohara Y, Gook J S. Thermal and magnetic properties of bulk Fe-Based glassy alloys prepared by copper mold casting [J]. Materials Transactions, 1995, 36: 1427-1433.

[11] Torquato S. Hard knock for thermodynamics [J]. Nature, 2000, 405 (6786): 521-523.

[12] Rong C B, Sheng B G. Nanocrystalline and nanocomposite permanent magnets by melt spinning technique [J]. Chinese Physics B, 2018, 27 (11): 5-58.

[13] Koch C C, Cavin O B, McKamey C G, et al. Preparation of "amorphous" $Ni_{60}Nb_{40}$ by mechanical alloying [J]. Applied Physics Letters, 1983, 43: 1017-1019.

[14] 吕俊, 陈晓闽, 黄东亚, 等. 机械合金化与非晶合金材料的研究进展 [J]. 材料导报, 2006, 20 (9): 9-96.

[15] Scholtz J, Stryhalski J, Sagás J, et al. Pulsed bias effect on roughness of TiO_2: Nb films deposited by grid assisted magnetron sputtering [J]. Applied Adhesion Science, 2015, 3: 1-6.

[16] Greer A L. Confusion by design [J]. Nature, 1993, 366 (6453): 303-304.

[17] 王竹溪. 热力学 [M]. 北京: 北京大学出版社, 2005.

[18] 惠希东, 陈国良. 块体非晶合金 [M]. 北京: 化学工业出版社, 2007.

[19] Turnbull D. On the free volume model of the liquid-glass transition [J]. The Journal of Chemical Physics, 1970, 52: 3038.

[20] Donald I W, Davies H A. Prediction of glass-forming ability for metallic systems [J]. Journal of Non-Crystalline Solids, 1978, 30: 77-85.

［21］ Inoue A. Stabilization of metallic supercooled liquid and bulk amorphous alloys ［J］. Acta Materialia, 2000, 48 (1): 279-306.

［22］ 耿遥祥. Fe-B-Si 系非晶/纳米晶合金的成分设计及性能研究 ［D］. 大连: 大连理工大学, 2015.

［23］ Lu Z P, Liu C T. Role of minor alloying additions in formation of bulk metallic glasses: A Review ［J］. Journal of Materials Science, 2004, 39 (12): 3965-3974.

［24］ Miracle D B. A structural model for metallic glasses ［J］. Nature Materials, 2004, 3 (10): 697-702.

［25］ Senkov O N, Miracle D B. Effect of the atomic size distribution on glass forming ability of amorphous metallic alloys ［J］. Materials Research Bulletin, 2001, 36 (12): 2183-2198.

［26］ Wang W H. Roles of minor additions in formation and properties of bulk metallic glasses ［J］. Progress in Materials Science, 2007, 52 (4): 540-596.

［27］ Wan F, He A, Zhang J, et al. Development of FeSiBNbCu nanocrystalline soft magnetic alloys with high B_s and good manufacturability ［J］. Journal of Electronic Materials, 2016, 45 (10): 4913-4918.

［28］ Wang A, Zhao C, He A, et al. Fe-based amorphous alloys for wide ribbon production with high B_s and outstanding amorphous forming ability ［J］. Journal of Alloys and Compounds, 2015, 630: 209-213.

［29］ Herzer G. Amorphous and nanocrystalline materials ［J］. Encyclopedia of Materials. Science and Technology, 2001: 149-156.

［30］ Yoshizawa Y, Oguma S, Yamauchi K. New Fe-based soft magnetic alloys composed of ultrafine grain structure ［J］. Journal of Applied Physics, 1988, 64: 6044-6046.

［31］ Suzuki K, Kataoka N, Inoue A, et al. High saturation magnetization and soft magnetic properties of bcc Fe-Zr-B alloys with ultrafine grain structure ［J］. Materials Transactions, JIM, 1990, 31: 743-746.

［32］ Willard M, Laughlin D, McHenry M, et al. Structure and magnetic properties of (FeCo) ZrBCu nanocrystalline alloys ［J］. Journal of Applied Physics, 1998, 84: 6773.

［33］ Makino A. Nanocrystalline soft magnetic Fe-Si-B-P-Cu alloys with high B_s of 1.8 ~ 1.9 T contributable to energy saving ［J］. IEEE Transactions on Magnetics, 2012, 48: 1331.

［34］ Wang A D, Zhao C, He A, et al. Composition design of high B_s Fe-based amorphous alloys with good amorphous-forming ability ［J］. Journal of Alloys and Compounds, 2015, 656.

［35］ Niu Y C, Biao X F, Wang W M, et al. The peculiarity of contraction in the primary crystallization of amorphous $Fe_{73.5}Nb_3Cu_1Si_{13.5}B_9$ alloy ［J］. Journal of Alloys and Compounds, 2007, 433 (1/2): 296-301.

［36］ 郭敏. Fe-Si-B-Cu-P 非晶纳米晶软磁合金的制备与性能研究 ［D］. 南京: 南京航空航天大学, 2011.

［37］ Sharma P, Zhang X, Zhang Y, et al. Competition driven nanocrystallization in high Bs and low coreloss Fe-Si-B-P-Cu soft magnetic alloys ［J］. Scripta Materialia, 2015, 95: 3.

［38］ Jiang L X, Zhang Y, Tong X, et al. Unique influence of heating rate on the magnetic softness of $Fe_{81.5}Si_{0.5}B_{4.5}P_{11}Cu_{0.5}C_2$ nanocrystalline alloy [J]. Journal of Magnetism and Magnetic Materials, 2019, 471: 148-152.

[39] Zhang Y, Wang Z, Li X H, et al. Effect of annealing temperature on structure and high-temperature soft magnetic properties of $(Fe_{0.9}Co_{0.1})_{72.7}Al_{0.8}Si_{13.5}Cu_1Nb_3B_8V_1$ nanocrystalline alloy [J]. Materials Research Bulletin, 2021, 138: 111212.

[40] Phan M H, Peng H X, Wisnom M R, et al. Effect of annealing on the microstructure and magnetic properties of Fe-based nanocomposite materials [J]. Composites: Part A, 2006, 37: 191-196.

[41] 朱乾科. 新型 Fe 基非晶纳米晶软磁合金的成分设计与性能优化 [D]. 太原: 太原科技大学, 2020.

[42] Ngo D T, Mahmud M S, Nguyen H H, et al. Crystallisation progress in Si-rich ultra-soft nanocomposite alloy fabricated by melt spinning [J]. Journal of Magnetism and Magnetic Materials, 2010, 322 (3): 342-347.

[43] 陈哲. FeNi 基非晶纳米晶软磁合金的结构演变及软磁性能研究 [D]. 太原: 太原科技大学, 2021.

[44] Hasiak M, Zbroszczyk J, Olszewski J, et al. Effect of cooling rate on magnetic properties of amorphous and nanocrystalline $Fe_{73.5}Cu_1Nb_3Si_{15.5}B_7$ alloy [J]. Journal of Magnetism and Magnetic Materials, 2000, 216: 410-412.

[45] Herzer G. Creep induced magnetic anisotropy in nanocrystalline Fe-Cu-Nb-Si-B alloys [J]. IEEE Transactions on Magnetics, 1994, 30: 4800-4802.

[46] 周龙. 磁场退火对非晶及纳米晶合金软磁性能的影响 [D]. 天津: 天津大学, 2010.

[47] Yoshizawa Y, Yamauchi K. Effects of magnetic field anneal on magnetic properties in ultrafine crystalline Fe-Cu-Nb-Si-B alloys [J]. IEEE Transactions on Magnetics, 1989, 25: 3324-3326.

[48] Suzuki K, Ito N, Garitaonandia J S, et al. High saturation magnetization and soft magnetic properties of nanocrystalline $(Fe, Co)_{90}Zr_7B_3$ alloy annealled under a rotating magnetic field [J]. Journal of Applied Physics, 2006, 99.

[49] Allia P, Tiberto P, Baricco M, et al. Improved ductility of nanocrystalline $Fe_{73.5}Nb_3Cu_1Si_{13.5}B_9$ obtained by direct-current joule heating [J]. Applied Physics Letters, 1993, 63: 2759-2761.

[50] Allia P, Baricco M, Knobel M, et al. Nanocrystalline $Fe_{73.5}Nb_3Cu_1Si_{13.5}B_9$ obtained by direct-current Joule heating. Magnetic and mechanical properties [J]. Philosophical Magazine B, 1993, 68: 853-860.

[51] Alben R, Becker J J, Chi M C. Random anisotropy in Amorphous Ferromagnets [J]. Journal of Applied Physics, 1978, 49: 1653-1658.

[52] Herzer G. Grain structure and magnetism of nanocrystalline ferromagnets [J]. IEEE Transactions on Magnetics, 1989, 25 (5): 3327-3329.

[53] Hernando A, Kulik T. Exchange interactions through amorphous paramagnetic layers in ferromagnetic nanocrystals [J]. Physical Review B, 1994, 49 (10): 7064-7067.

[54] Suzuki K, Cadogan J M. Random magnetocrystalline anisotropy in two-phase nanocrystalline

systems [J]. Physical Review B, 1998, 58 (5): 2730-2739.

[55] Li H, Wang A D, Liu T, et al. Design of Fe-based nanocrystalline alloys with superior magnetization and manufacturability [J]. Materials Today, 2020, 42: 49.

[56] Ling H B, Li Q, Li H X, et al. Preparation and characterization of quaternary magnetic $Fe_{80-x}Co_xP_{14}B_6$ bulk metallic glasses [J]. Journal of Applied Physics, 2014, 115: 204901.

[57] Ma H J, Wang W M, Zhang J T, et al. Effect of Ni on the microstructure and precipitate phases of $Fe_{78}Si_9B_{13}$ glassy alloy [J]. Journal of Alloys and Compounds, 2009, 485: 255-260.

[58] Herzer G. Magnetization process in nanocrystalline ferromagnets [J]. Materials Science and Engineering, 1991, A133: 1-5.

[59] Yamamoto T. The Development Sendust and Other Ferromagnetic Alloy [M]. Chiba, Japan: Committee of Academic Achievements, 1980.

[60] 何开元, 张雅静. 软磁合计及相关物理专题研究 [M]. 北京: 冶金工业出版社, 2018.

[61] Chen Y M, Ohkubo T, Ohta M, et al. Three-dimensional atom probe study of Fe-B based nanocrystalline soft magnetic materials [J]. Acta Materialia, 2009, 57: 4463-4472.

[62] Wang A D, Men H, Shen B L, et al. Effect of P on crystallization behavior and soft-magnetic properties of $Fe_{83.3}Si_4Cu_{0.7}B_{12-x}P_x$ nanocrystalline soft-magnetic alloys [J]. Thin Solid Films, 2011, 519: 8283-8286.

[63] Fan X, Jiang M, Zhang T, et al. Thermal, structural and soft magnetic properties of FeSiBPCCu alloys [J]. Journal of Non-Crystalline Solids, 2020, 533: 119941.

[64] Hono K, Ping D H, Ohnuma M, et al. Cu clustering and Si partitioning in the early crystallization stage of an $Fe_{73.5}Si_{13.5}B_9Nb_3Cu_1$ amorphous alloy [J]. Acta Materialia, 1999: 1-10.

[65] Ohkubo T, Kai H, Ping D H, et al. Mechanism of heterogeneous nucleation of α-Fe nanocrystals form $Fe_{89}Zr_7B_3Cu_1$ amorphous alloy [J]. Scripta Mater, 2001, 44: 971-976.

[66] Ping D H, Wu Y Q, Hono K, et al. Microstructural characterization of $(Fe_{0.5}Co_{0.5})_{88}Zr_7B_4Cu_1$ nanocrystalline alloys [J]. Scripta Mater, 2001, 45: 781.

[67] Kane S N, Gupta A, Yusuf S M. Effect of Ag and Au addition on the crystallization behavior and magnetic properties of Fe-based nanocrystalline alloys [J]. Journal of Alloys and Compounds, 2011, 59 (5): 1951-1955.

[68] Chau N, Hoa N Q, The N D, et al. The effect of Zn, Ag and Au substitution for Cu in Finemet on the crystallization and magnetic properties [J]. Journal of Magnetism and Magnetic Materials, 2006, 303: 415-418.

[69] Wang T, Yang X, Li Q. Effect of Cu and Nb additions on crystallization kinetics of $Fe_{80}P_{13}C_7$ Bulk Metallic Glasses [J]. Thermochimica Acta, 2014, 579.

[70] Suzuki K, Makino A, Inoue A, et al. Soft magnetic properties of nanocrystalline bcc FeZrB and FeMBCu (M = transition metal) alloys with high saturation magnetization (invited) [J]. Journal of Applied Physics, 1991, 70: 6232-6237.

[71] Liu F J, Yang Q W, Pang S J, et al. Effect of Mo element on the properties of Fe-Mo-P-C-B

bulk metallic glasses [J]. Journal of Non-Crystalline Solids, 2009, 355 (28/29/30)：1444-1447.

[72] Lu W, Yan B, Li Y, et al. Structure and soft magnetic properties of V doped Finemet-type alloy [J]. Journal of Alloys and Compounds, 2008, 454 (1/2)：10-13.

[73] 王玲, 张敏刚, 李少波, 等. Co 掺杂对 Ni-Mn-Sn 合金磁特性影响：第一性原理研究 [J]. 磁性材料及器件, 2019, 50 (5)：1-4.

[74] 刘俊, 姜其立, 帅麒麟, 等. 一种点光源的自适应束斑 X 射线衍射仪的研制 [J]. 物理学报, 2021, 1 (70)：010701.

[75] Wang Y C, Zhang Y, Makino A, et al. First principle study on the Si effect in the Fe-based soft magnetic nano-crystalline alloys [J]. Journal of Alloys and Compounds, 2018, 730：196-200.

[76] 张跃. 计算材料学基础 [M]. 北京：北京航空航天大学出版社, 2007.

[77] Huang S, Feng H, Zhu M, et al. Investigation of chemical composition and crystal structure in sintered $Ce_{15}Nd_{15}Fe_{bal}B_1$ magnet [J]. Aip Advances, 2014, 4 (10)：4106.

[78] Fermi E. Eine statistische methode zur bestimmung einiger eigenschaftend des atoms und ihre anwendung auf die theories des periodischen systems derelemente [J]. Zeitschrift für Physik, 1928, 48：73-79.

[79] Kohn W, Sham L J. Self-consistant epuations including exchange and correlation effects [J]. Physical Review A, 1965, 140：1133-1138.

[80] Perdew J P, Wang Y. Accurate and simple analytic representation of the electron-gas correlation energy [J]. Physical Review B, 1992, 45：13244-13249.

[81] 薛艳杰, 李峻宏, 成之绪, 等. $Fe_{10}Si_2$ 晶体结构和磁结构中子衍射研究 [J]. 原子能科学术, 2004, 38：100-103.

[82] 张力, 王成, 孙昌璞. Born-Oppenheimer 近似的精确验证与经典对应 [J]. 东北师大学报自然科学版, 1996, 2：36-40.

[83] Hasegawa R. Applications of amorphous magnetic alloys [J]. Materials Science and Engineering A, 2004, (375/376/377)：90-97.

[84] 姚可夫, 施凌翔, 陈双琴, 等. 铁基软磁非晶/纳米晶合金研究进展及应用前景 [J]. 物理学报, 2018, 67 (1)：016101.

[85] 马海健, 魏文庆, 鲍文科, 等. 铁基纳米晶软磁合金研究进展及应用展望 [J]. 稀有金属材料与工程, 2020, 49 (8)：2905-2912.

[86] Gutflleisch O, Willard M A, Bruck E, et al. Magnetic materials and devices for the 21st century：stronger, lighter, and more energy efficient [J]. Advanced Materials, 2011, 23：821-842.

[87] Makino A, Men H, Kubota T, et al. New Fe-metalloids based nanocrystalline alloys with high B_s of 1.9 T and excellent magnetic softness [J]. Journal of Applied Physics, 2009, 105：07A308.

[88] Wang A, Men H, Zhao C, et al. Crystallization behavior of FeSiBPCu nanocrystalline soft-magnetic alloys with high Fe content [J]. Science of Advanced Materials, 2015, 7 (12)：

2721-2725.

[89] Wan F, Liu T, Kong F, et al. Surface crystallization and magnetic properties of FeCuSiBNbMo melt-spun nanocrystalline alloys [J]. Materials Research Bulletin, 2017, 96 (3): 275-280.

[90] Xie L, Liu T, He A, et al. High B_s Fe-based nanocrystalline alloy with high impurity tolerance [J]. Journal of Materials Science. 2018, 53: 1437-1446.

[91] Li H, Wang A, Liu T, et al. Design of Fe-based nanocrystalline alloys with superior magnetization and manufacturability [J]. Materials Today, 2021, 42: 49-56.

[92] Fukamichi K, Satoh T, Masumoto T. Magnetic moment of Fe-Ga-B amorphous Alloys [J]. Journal of Magnetism and Magnetic Materials, 1983, 31: 1589.

[93] Corb B W. Magnetic moments and coordination symmetry in bcc Fe-M alloys [J]. Physical review B, 1985, 31 (4): 2521-2523.

[94] Zhu Q K, Chen Z, Li Q S, et al. Microstructure and phase dependence of magnetic softness of FeSiGaB nanocrystalline alloys [J]. Journal of Magnetism and Magnetic Materials, 2021, 528: 167802.

[95] Ipus J J, Blázquez J S, Franco V, et al. Influence of Co addition on the magnetic properties and magnetocaloric effect of Nanoperm ($Fe_{1-x}Co_x$)$_{75}Nb_{10}B_{15}$ type alloys prepared by mechanical alloying [J]. Journal of Alloys and Compounds, 2010, 496: 7-12.

[96] Gómez-Polo C, Marín P, Pascual L, et al. Structural and magnetic properties of nanocrystalline $Fe_{73.5-x}Co_xSi_{13.5}B_9CuNb_3$ alloys [J]. Physical Review B, 2001, 65: 024433.

[97] Liu T, Kong F, Xie L, et al. Fe(Co) SiBPCCu nanocrystalline alloys with high B_s above 1.83 T [J]. Journal of Magnetism and Magnetic Materials, 2017, 441: 174-179.

[98] Muraca D, Cremaschi V, Moya J, et al. FINEMET type alloy without Si: Structural and magnetic properties [J]. Journal of Magnetism and Magnetic Materials, 2008, 320: 1639-1644.

[99] Moya J A. Nanocrystals and amorphous matrix phase studies of Finemet-like alloys containing Ge [J]. Journal of Magnetism and Magnetic Materials, 2010, 322: 1784-1792.

[100] Zhu Q K, Chen Z, Zhang S, et al. Improving soft magnetic properties in FINEMET-like alloys with Ga addition [J]. Journal of Magnetism and Magnetic Materials, 2019, 487: 165297.

[101] McHenry M E, Laughlin D E. Recent advances in Fe-based amorphous and nanocrystalline soft magnetic materials [J]. Journal of Materials Research, 2017, 32 (2): 305-319.

[102] Makino A, Kubota T, Yubuta K, et al. Nanocrystalline soft magnetic Fe-Si-B-P-Cu alloys with high B_s and low core loss [J]. Journal of Applied Physics, 2009, 105 (7): 07A308.

[103] Li H, Wang A D, Liu T, et al. Design of Fe-based nanocrystalline alloys with superior magnetization and manufacturability [J]. Materials Today, 2020, 42: 49.

[104] Zhang J H, Wan F P, Li Y C, et al. Effect of surface crystallization on magnetic properties of $Fe_{82}Cu_1Si_4B_{11.5}Nb_{1.5}$ nanocrystalline alloy ribbons [J]. Journal of Magnetism and Magnetic Materials, 2017, 438: 126.

[105] Zhu Q K, Chen Z, Zhang S, et al. Crystallization progress and soft magnetic properties of FeGaBNbCu alloys [J]. Journal of Magnetism and Magnetic Materials, 2019, 475: 88-92.

[106] Wang W H, Dong C, Shek C H. Bulk metallic glasses: Formation, structure, properties, and applications [J]. Materials Science and Engineering: R: Reports, 2004, 44: 45-89.

[107] Biwer B, Bernasek S. Electron spectroscopic study of the iron surface and its interaction with oxygen and nitrogen [J]. Journal of Electron Spectroscopy and Related Phenomena. 1986 (40): 339-351.

[108] Yamauchi K, Mizoguchi T. The magnetic moment of amorphous metal-metalloid alloys [J]. Journal Physical Society of Japan, 1975, 2 (39): 541-542.

[109] Schön G. Auger and direct electron spectra in X-ray photoelectron studies of zinc, zinc oxide, gallium and gallium oxide [J]. Journal of Electron Spectroscopy and Related Phenomena, 1973, 2 (1): 75-86.

[110] Cossu G, Ingo G, Mattogno G, et al. XPS investigation on vacuum thermal desorption of UV/ozone treated GaAs (100) surfaces [J]. Applied Surface Science, 1992: 81-88.

[111] Kibel M, Leech P. X-ray photoelectron spectroscopy study of optical wave guide glasses [J]. Surface and interface analysis, 1996, 24 (9): 605-610.

[112] Shabanova I, Trapeznikov V. A study of the electronic structure of Fe_3C, Fe_3Al and Fe_3Si by X-ray photoelectron spectroscop [J]. Journal of Electron Spectroscopy and Related Phenomena. 1975, 6 (4): 297-307.

[113] 严密, 彭晓领. 磁学基础与磁性材料 [M]. 杭州: 浙江大学出版社, 2006.

[114] Slater J C. Theory of the magnetism of transition metals [J]. Physical Review, 1936, 49 (6): 537-545.

[115] Perdew J P, Burke K, Ernzerhof M. Generalized gradient approximation made simple [J]. Physical Review Letters, 1996, 77 (18): 3865-3868.

[116] Segall M D, Lindan P J D, Probert M J, et al. First-principles simulation: Ideas, illustrations and the CASTEP code [J]. Journal of Physics Condensed Matter, 2002, 14 (11): 2717-2744.

[117] Becke A D. Density-functional exchange-energy approximation with correct asymptotic behavior [J]. Physical Review A, 1988, 38 (6): 3098-3100.

[118] Perdew J P, Burke K, Ernzerhof M. Generalized gradient approximation made simple [J]. Physical Review Letters, 1996, 78 (18): 3865-3868.

[119] Fischer T H, Almlof J. General methods for geometry and wave function optimization [J]. The Journal of Physical Chemistry, 1992, 96 (24): 9768-9774.

[120] Monkhorst H J, Pack J D. Special Points for brillouin-zone integrations [J]. Physical Review. B Condensed Matter, 1976, 13 (12): 5188-5192.

[121] Aldred A T. Magnetization of ironGallium and ironArsenic alloys [J]. Journal of Applied Physics, 1966, 37 (3): 1344-1346.

[122] Rahman G, Kim I G, Freeman A J. First-principle presiction of spin-density-reflection symmetry magnetic transition of CsCl-type FeSe [J]. Journal of Magnetism and Magnetic Materials, 2010, 322: 3153-3158.

[123] Zhang X Y, Zhang J W. Influence of annealing temperature on the microstructure of Cu-rich

phase in nanocrystalline $Fe_{73.5}Cu_1Mo_3Si_{13.5}B_9$ alloy [J]. Journal of Materials Science Letters, 1997, 16: 1745-1749.

[124] 倪军, 刘华. 计算物理前言及其与计算技术的交叉 [J]. 物理, 2002, 31 (7): 464-465.

[125] Lin X H, Johnson W L. Formation of Ti-Zr-Cu-Ni bulk metallic glasses [J]. Journal of Applied Physics, 1996, 78 (11): 6514-6519.

[126] 高敬恩, 李宏祥, 陈子潘, 等. 纳米晶的形成对 FeCSiBPCu 非晶合金软磁性能的影响 [C] // 济南, 第十届全国博士生学术年会论文集, 2012: 210.

[127] Takeuchi A, Inoue A. Classification of bulk metallic Glasses by Atomic Size Difference, Heat of mixing and period of constituent elements and its application to characterization of the main alloying element [J]. Materials Transactions, 2005, 46: 2817-2829.

[128] Herzer G. Grain size dependce of corecivity and permeability in nanocrystalline ferromagnets [J]. IEEE Trans. Magn. , 1990, 26 (5): 1397-1401.

[129] Ohta M, Yoshizawa Y. Soft magnetic properties of nanocrystalline Fe-Si-B-P-Cu alloys with high B_s and low core loss [J]. Materials Transactions, 2007, 48 (9), 2464-2468.

[130] Li H, Wang A D, Liu T, et al. Design of Fe-based nanocrystalline alloys with superior magnetization and manufacturability [J]. Materials Today, 2020, 42: 49.

[131] Dong Q, Song P, Tan J, et al. Non-isothermal crystallization kinetics of a Fe-Cr-Mo-B-C amorphous powder [J]. Journal of Alloys and Compounds, 2020, 823: 153783.

[132] Wang R W, Liu J, Xu Y P, et al. Effect of V substitution for Nb on the crystallization kinetics of FINEMET amorphous alloys [J]. Journal of Functional Materials, 2010, 12 (41): 2109.

[133] Kissinger H E. Reaction kinetics in differential thermal analysis [J]. Analytical Chemistry, 1957, 29: 1702-1706.

[134] Ozawa T. Kinetic analysis of derivative curves in thermal analysis [J]. Journal of Thermal Analysis, 1970, 2: 301-324.

[135] Wang R W, Liu J, Wang Z, et al. Crystallization kinetics and magnetic properties of $Fe_{63.5}Co_{10}Si_{13.5}B_9Cu_1Nb_3$ nanocrystalline powder cores [J]. Journal of Non-Crystalline Solids, 2012, 358: 200-203.

[136] Xiang S, Li Q, Zuo M Q, et al. Influence of the preparation cooling rate on crystallization kinetics of $Fe_{74}Mo_6P_{13}C_7$ amorphous alloys [J]. Journal of Non-Crystalline Solids, 2017, 475: 116-120.

[137] Nakamura K, Katayama K, Amano T. Some aspects of nonisothermal crystallization of polymers. Ⅱ. consideration of the isokinetic condition [J]. Journal of Applied Polymer Science, 1973, 17: 1031-1041.

[138] Ramasamy P, Stoica M, Taghvaei A H, et al. Kinetic analysis of the non-isothermal crystallization process, magnetic and mechanical properties of FeCoBSiNb and FeCoBSiNbCu bulk metallic glasses [J]. Journal of Applied Physics, 2016, 119: 073908.

[139] Pratap A, Lad K N, Rao T L S, et al. Kinetics of crystallization of amorphous $Cu_{50}Ti_{50}$ alloy

[J]. Journal of Non-Crystalline Solids, 2004, 345: 178-181.

[140] Paul T, Loganathan A, Agarwal A, et al. Kinetics of isochronal crystallization in a Fe-based amorphous alloy [J]. Journal of Alloys and Compounds, 2018, 753: 679-687.

[141] Chen Z, Zhu Q K, Zhang K W, et al. The Non-Isothermal and Isothermal Crystallization Behavior and Mechanism of Fe-Ni Alloys [J]. Crystal Growth & Design, 2020, 20: 2187-2193.

[142] Chen Z, Zhu Q K, Zhang K W, et al. Effects of Si/B ratio on the isothermal crystallization behavior of FeNiSiBCuNb amorphous alloys [J]. Thermochim. Acta, 2021, 697: 178854.

[143] Zhang J T, Wang W M, Ma H J, et al. Isochronal and isothermal crystallization kinetics of amorphous Fe-based alloys [J]. Thermochim. Acta, 2010, 505: 41-46.

[144] Henderson D W. Thermal analysis of non-isothermal crystallization kinetics in glass forming liquids [J]. Journal of Non-Crystalline Solids, 1979, 30: 301.

[145] Jin J S, Li F W, Yin G, et al. Influence of substitution of Cu by Ni on the crystallization kinetics of TiZrHfBeCu high entropy bulk metallic glass [J]. Thermochim. Acta, 2020, 690: 178650.

[146] Wang W H, Dong C, Shek C H. Atomic diffusion and glass formation in Fe-based metallic glasses [J]. Materials Science and Engineering: R: Reports, 2004, 44 (2/3): 45-89.

[147] Lu Z P, Liu C T. Non-isothermal crystallization kinetics of Fe-based metallic glasses: Application of the JMAK model [J]. Acta Materialia, 2003: 51 (12): 3429-3443.

[148] Blázquez J S, Conde C F, Conde A. Non-isothermal approach to isokinetic crystallization processes: Application to the nanocrystallization of HITPERM alloys [J]. Acta Materialia, 2005, 53: 2305-2311.

[149] Wu J, Pan Y, Huang J, et al. Non-isothermal crystallization kinetics and glass forming ability of CuZrTi in bulk metallic glasses [J]. Thermochimica. Acta, 2013, 552: 15-22.

[150] Ouyang Y, Wang L, Chen H, et al. The formation and crystallization of amorphous $Al_{65}Fe_{20}Zr_{15}$ [J]. Journal of Non-Crystalline Solids, 2008, 354: 5555-5558.

[151] Duarte M J, Kostka A, Crespo D, et al. Kinetics and crystallization path of a Fe-based metallic glass alloy [J]. Acta Materialia, 2017, 127: 341-350.

[152] Jiao Z B, Li H X, Wu Y, et al. Effects of Mo additions on the glass-forming ability and magnetic properties of bulk amorphous Fe-C-Si-B-P-Mo alloys [J]. Science China (Physics Mecha & Astronomy), 2010, 53: 430-434.

[153] Shen T D, Schwarz R B. Bulk ferromagnetic glasses in the Fe-Ni-P-B system [J]. Acta Materialia, 2001, 49: 837-847.

[154] Zhu C L, Wang Q, Zhao Y J, et al. Ni-based Ni-Fe-B-Si-Ta bulk metallic glasses [J]. Science China (Physics Mecha & Astronomy), 2010, 53: 440-444.

[155] Chang C T, Shen B L, Inoue A. FeNi-based bulk glassy alloys with superhigh mechanical strength and excellent soft-magnetic properties [J]. Applied Physics Letters, 2006, 89: 051912.

[156] Liu F J, Yang Q W, Pang S J, et al. Ductile Fe-based BMGs with high glass forming ability

and high strength [J]. Materials Transactions, 2008, 49: 231-234.

[157] Yao K F, Zhang C Q. Fe-based bulk metallic glass with high plasticity [J]. Applied Physics Letters, 2007, 90: 061901.

[158] Torrens-Serra J, Bruna P, Roth S, et al. Structural and magnetic characterization of FeNbBCu alloys as a function of Nb content [J]. Journal of Physics D Applied Physics, 2009, 42 (9): 095010.

[159] Torrens-Serra J, Roth S, Rodriguez-Viejo J, et al. Effect of Nb in the nanocrystallization and magnetic properties of FeNbBCu amorphous alloys [J]. Journal of Non-Crystalline Solids, 2008, 354: 5110-5112.

[160] Makino A, Hatanai A, Inoue A, et al. Nanocrystalline soft magnetic Fe-M-B (M = Zr, Hf, Nb) alloys and their applications [J]. Materials Science Engineering A, 1997, 226: 594-602.

[161] Makino A, Bitoh T, Kojima A, et al. Compositional dependence of the soft magnetic properties of the nanocrystalline Fe-Zr-Nb-B alloys with high magnetic flux density [J]. Journal of Applied Physics, 2000, 87: 7100-7102.

[162] Uwe K, Meinhardt J, Aloes H. Formation of nanocrystalline materials by crystallization of metallic glasses [J]. Materials Science Forum, 1995, 179-181 (2): 533-538.

[163] Parsons R, Zang B, Onodera K, et al. Soft magnetic properties of rapidly-annealed nanocrystalline Fe-Nb-B-(Cu) alloys [J]. Journal of Alloys and Compounds, 2017, 723: 408-417.

[164] Xiao H Y, Dong Y Q, He A, et al. Magnetic softness and magnetization dynamics of FeSiBNbCu(P, Mo) nanocrystalline alloys with good high-frequency characterization [J]. Journal of Magnetism and Magnetic Materials, 2019, 478: 192-197.

[165] Zhang X H, Dong Y Q, He A, et al. Improvement of SMPs in Fe-Si-B-P-C-Cu-Nb alloys via harmonizing P and B [J]. Journal of Magnetism and Magnetic Materials, 2020, 506: 166757.

[166] Chen F G, Wang Y G. Investigation of glass forming ability, thermal stability and soft magnetic properties of melt-spun $Fe_{83}P_{16-x}Si_xCu_1$ ($x=0$, 1, 2, 3, 4, 5) alloy ribbons [J]. Journal of Alloys and Compounds, 2014, 584: 377-380.

[167] Lopatina E, Soldatov I, Budinsky V, et al. Surface crystallization and magnetic properties of $Fe_{84.3}Cu_{0.7}Si_4B_8P_3$ soft magnetic ribbons [J]. Acta Materialia, 2015, 96: 10-17.

[168] Kong L H, Gao Y L, Song T T, et al. Non-isothermal crystallization kinetics of FeZrB amorphous alloy [J]. Thermochimica Acta, 2011, 522: 166-172.

[169] Makino A, Men H, Yubuta K, et al. Soft magnetic FeSiBPCu heteroamorphous alloys with high Fe content [J]. Journal of Applied Physics, 2009, 105: 013922.

[170] Kazushi Y, Tadashi M. The magnetic moments of amorphous metal-metalloid allous [J]. Letters, 1975, 39 (2): 541-542.

[171] Makino A, Men H, Kubota T, et al. New excellent soft magnetic FeSiBPCu nanocrystallized alloys with high of 1.9 T from nanohetero-amorphous phase [J]. IEEE Transactions on

Magnetics, 2009, 45 (10): 4302-4305.

[172] Sun H J, Jin L F, Hao Z, et al. The microwave electromagnetic and absorption properties of Fe-Si-B-P-C glassy powders under chemical corrosion [J]. Journal of Non-Crystalline Solids, 2020, 549: 120352.

[173] Li W, Xie C X, Liu H Y. Minor-metalloid substitution for Fe on glass formation and soft magnetic properties of Fe-Co-Si-B-P-Cu alloys [J]. Journal of Non-Crystalline Solids, 2020, 533: 119937.

[174] Lasocka M. The effect of scanning rate on glass transition temperature of splat-cooled $Te_{85}Ge_{15}$ [J]. Materials Science and Engineering, 1976, 23: 173.

[175] Xiao H, Wang A, Li J, et al. Structural evolutionary process and interrelation for FeSiBNbCuMo nanocrystalline alloy [J]. Journal of Alloys and Compounds, 2020, 821: 153487.

[176] Hou L, Yang W, Luo Q, et al. High B_s of FePBCCu nanocrystalline alloys with excellent soft-magnetic properties [J]. Journal of Non-Crystalline Solids, 2020, 530: 119800.

[177] Chen Z, Zhu Q, Zhang K, et al. Effect of Si/B ratio on glass-forming ability, phase transitions and magnetic properties in $(Fe_{40}Ni_{40}Si_xB_yCu_1)_{0.97}Nb_{0.03}$ alloys [J]. Journal of Materials Science, 2021, 56: 4871-4883.

[178] Hasegawa R, Narasimhan M C, Decristofaro N. A high permeability Fe-Ni base glassy alloy containing Mo [J]. Journal of Applied Physics, 1978, 49: 1712-1714.

[179] Herzer G. Magnetic domain wall pinning in soft magnetic alloys [J]. IEEE Transactions on Magnetics, 1990, 26 (5): 1397-1402.

[180] Lan S, Zhu L, Wu Z, et al. A medium-range structure motif linking amorphous and crystalline states [J]. Nature materials, 2021, 20: 1347-1352.

[181] Thube M G, Kulkarni S K, Huerta D, et al. X-ray-photoelectron-spectroscopy study of the electronic structure of Ni-P metallic glasses [J]. Physical Review B, 1986, 34: 6874-6879.

[182] Huang B, Yang Y, Wang A D, et al. Saturated magnetization and glass forming ability of soft magnetic Fe-based metallic glasses [J]. Intermetallics, 2017, 84: 74-81.